Gli Alleati dell'Umanità

◆

LIBRO PRIMO

Gli Alleati dell'Umanità

◆

LIBRO PRIMO

◆

UN MESSAGGIO URGENTE

Che Riguarda la Presenza

Extraterrestre

Oggi nel Mondo

Marshall Vian Summers

AUTORE DI

PASSI VERSO LA CONOSCENZA: Il Libro del
Sapere Interiore

GLI ALLEATI DELL'UMANITÀ LIBRO PRIMO: Un Messaggio Urgente Che Riguarda la Presenza Extraterrestre Oggi nel Mondo

Redazione a cura di Darlene Mitchell

Il Design del libro è stato fatto da Argent Associates, Boulder, CO

Copertina realizzata da Reed Novar Summers
"Per me, l'immagine in copertina rappresenta noi sulla Terra con il globo nero che simboleggia la presenza aliena nel mondo oggi e la luce dietro di esso che ci rivela questa invisibile presenza che altrimenti non riusciremmo a vedere. La stella che illumina la Terra rappresenta gli Alleati dell'Umanità che ci danno un nuovo messaggio ed un nuovo punto di vista circa la relazione della Terra con la Comunità Più Grande."

ISBN: 978-1-884238-45-1 THE ALLIES OF HUMANITY BOOK ONE: An Urgent Message about the Extraterrestrial Presence in the World Today

NKL POD / eBook Version 4.5

Library of Congress Control Number: 2001 130786

Questa è la seconda edizione di Gli Alleati dell'Umanità Libro Primo.

Versione Originale in Inglese

PUBLISHER'S CATALOGING-IN-PUBLICATION

Summers, Marshall.
    The allies of humanity book one : an urgent message about the extraterrestrial presence in the world today / M.V. Summers
        p. cm.
        978-1-884238-45-1 (English print)   001.942
        978-1-884238-82-6 (Italian print)
        978-1-884238-46-8 (English ebook)
        978-1-884238-84-0 (Italian ebook)

                                QB101-700606

I libri della New Knowledge Library sono pubblicati da The Society for The Greater Community Way of Knowledge. The Society è una non-profit organization dedicata a presentare La Via della Conoscenza della Comunità Più Grande (The Greater Community Way of Knowledge).

Per ricevere informazioni circa le registrazioni di The Society, i programmi di istruzione e servizi di istruzione, potete visitare The Society sul web o scrivere a:

THE SOCIETY FOR THE GREATER COMMUNITY WAY OF KNOWLEDGE
P.O. Box 1724   •   Boulder, CO 80306-1724   •   (303) 938-8401
society@newmessage.org
www.alliesofhumanity.org/it   www.newmessage.org/it

Dedicato ai Grandi Movimenti per la Libertà

Nella Storia del Nostro Mondo —

Conosciuti e Sconosciuti.

CONTENUTI

Le quattro domande fondamentali sulla
presenza extraterrestre nel mondo oggi:

Che cosa sta succedendo?

Perché sta succedendo?

Che cosa significa?

Come ci possiamo
preparare?

È abbastanza poco comune trovare un libro che cambi la tua vita, ma è ancora più straordinario imbattersi in un lavoro che ha il potenziale per impattare la storia del genere umano.

Quasi quarant'anni fa, prima che esistesse un movimento a favore dell'ambiente, una donna coraggiosa scrisse un libro alquanto provocatorio e controverso, che cambiò il corso della storia. Il libro *Primavera Silenziosa* (*Silent Spring*) di Rachel Carson generò una consapevolezza mondiale sui pericoli dell'inquinamento dell'ambiente e stimolò una risposta, in termini di attivismo, che è viva tutt'ora. Tra i primi a dichiarare pubblicamente che l'utilizzo di pesticidi e di tossine chimiche sono una minaccia a tutto ciò che vive, la Carson fu inizialmente ridicolizzata e diffamata, anche dai suoi colleghi, ma alla fine fu considerata la voce più importante del 20esimo secolo. *Silent Spring* è tutt'ora ampiamente considerato come il fondamento dell'ambientalismo.

Oggi, prima che ci sia una pubblica consapevolezza circa un'incursione extraterrestre, che è pienamente in corso e ci siamo totalmente dentro, un uomo dal coraggio simile a quello della Carson—un maestro spirituale in precedenza nascosto—viene avanti portando uno straordinario ed inquietante communiqué proveniente da oltre la nostra sfera planetaria. Con *Gli Alleati dell'Umanità*, Marshall Vian Summers è il primo leader spirituale del nostro tempo che dichiara in modo inequivocabile che la presenza non richiesta e l'azione clandestina dei nostri "visitatori" extraterrestri costituisce una profonda minaccia alla libertà del genere umano.

Anche se all'inizio, come la Carson, Summers sicuramente si imbatterà in derisione e denigrazione, potrebbe in definitiva essere riconosciuto come una delle voci più importanti nel campo dell'intelligenza extraterrestre, della spiritualità umana e dell'evoluzione della coscienza. Allo stesso modo, *Gli Alleati dell'Umanità* si potrebbe dimostrare una chiave per assicurare il futuro stesso della nostra specie—non solo dandoci la sveglia circa le profonde sfide di un'invasione aliena silenziosa, ma anche innescando un movimento di resistenza e di potenziamento senza precedenti.

Anche se le circostanze all'origine di questo materiale esplosivamente controverso possono essere problematiche per alcuni, il punto di vista che esso rappresenta ed il messaggio urgente che esso veicola, sono cose che richiedono la nostra più profonda considerazione ed un reagire determinato. Qui siamo tutti, in modo troppo plausibile, messi di fronte all'attestazione che le sempre più numerose apparizioni di UFO ed altri fenomeni a ciò collegati, sono il sintomo di niente meno che una celata ed anche, appunto, priva di opposizione, intromissione da parte di forze extraterrestri che cercano di sfruttare le risorse della Terra interamente per il proprio beneficio.

Come dobbiamo rispondere in modo adeguato a questa inquietante ed incredibile dichiarazione? La dobbiamo ignorare e congedare come hanno fatto molti dei detrattori della Carson? Oppure è meglio investigarla e capire esattamente che cosa ci viene offerto?

Se scegliamo di indagare e di capire, questo è quello che troveremo: un'esaustiva rassegna di recenti decenni di ricerca mondiale sull'attività Ufologica ed altri fenomeni apparentemente extraterrestri (e.g., adduzioni aliene ed impianti, mutilazioni di animali ed anche "possesso" psicologico di soggetti) che porta ampia evidenza a favore del punto di vista degli Alleati; siate certi che le informazioni contenute nei discorsi degli Alleati chiariscono in modo stupefacente le questioni che da anni hanno confuso i ricercatori, dando spiegazioni a molta evidenza misteriosa ma persistente.

Una volta che abbiamo investigato queste questioni e ci troviamo soddisfatti sul fatto che il messaggio degli Alleati non solo è plausibile ma è anche fortissimo, allora che facciamo? Le nostre considerazioni ci condurranno inevitabilmente all'imprescindibile conclusione che il nostro problema oggi ha dei parallelismi profondi con l'incursione della "civiltà" Europea nelle Americhe all'inizio del 15esimo secolo, quando le popolazioni indigene non erano in grado di capire e reagire adeguatamente alla complessità ed al pericolo rappresentato dalle forze che visitavano le loro coste. I "visitatori" arrivarono nel nome di Dio, esibendo tecnologie d'effetto e pretendendo di offrire un modo di vivere più evoluto e più civilizzato. (È importante notare che gli invasori Europei non erano "l'incarnazione del male" ma arrivavano semplicemente con fini opportunistici, lasciandosi dietro uno strascico di involontaria devastazione.)

Questo è il punto: la violazione, radicale e di ampio raggio, delle libertà fondamentali che i nativi Americani hanno vissuto in seguito a ciò—inclusa la rapida decimazione della loro popolazione—non è solo una tragedia umana di dimensioni monumentali, ma anche una potente lezione oggettiva applicabile alla nostra attuale situazione. Questa volta, siamo tutti noi, le genti native di questo mondo e se non riusciamo, collettivamente, a radunare una reazione più creativa ed unitaria, potremmo subire una simile sorte. Questa è esattamente la presa di coscienza sulla quale ci fa precipitare Gli Alleati dell'Umanità.

Questo però è anche un libro capace di cambiare le nostre vite, perché innesca una profonda chiamata interiore che ci rammenta del nostro scopo, il perché dell'essere vivi in questo momento della storia umana e ci porta faccia a faccia con nulla di meno che il nostro destino. Qui siamo a confronto con la più scomoda presa di coscienza che ci sia: il futuro dell'umanità potrebbe benissimo dipendere da come rispondiamo, da come reagiamo a questo messaggio.

Anche se Gli Alleati dell'Umanità è un libro profondamente cautelante, non contiene un incitamento a sensazioni di tenebra e rovina. Anzi, il messaggio offre una straordinaria speranza su quella che ora è una situazione estremamente pericolosa e difficile. L'ovvia intenzione è quella di preservare e potenziare la libertà del genere umano e di catalizzare una risposta personale e collettiva all'intromissione aliena.

Opportunamente, la stessa Rachel Carson a suo tempo fece luce sul preciso problema che intralcia la nostra capacità di rispondere a questa attuale crisi: "Non siamo ancora diventati maturi abbastanza," disse, "da considerarci come semplicemente una piccolissima parte di un universo vasto ed incredibile." Chiaramente è da tempo che necessitiamo una nuova comprensione di noi stessi, della nostra posizione nel cosmo e della vita nella Comunità Più Grande (il più esteso universo fisico e spirituale entro il quale stiamo emergendo). Fortunatamente *Gli Alleati dell'Umanità* funge da ingresso per una grossa mole di insegnamenti e pratiche spirituali che promettono di inculcarci l'occorrente maturità di specie, con un punto di vista che non è né limitato alla Terra né antropocentrico, ma ha, invece, le radici in più antiche e più profonde tradizioni universali.

In definitiva, il messaggio de *Gli Alleati dell'Umanità* sfida quasi tutte le nostre nozioni fondamentali della realtà, dandoci simultaneamente la più grande opportunità per evolvere, insieme alla nostra più grande sfida per la sopravvivenza. Pur essendo l'attuale momento di crisi una minaccia all'autodeterminazione della nostra specie, lo stesso potrebbe nel contempo apportare una molto necessaria fondazione sulla quale appoggiare la realizzazione dell'unità della razza umana—cosa che sarebbe stata pressoché impossibile in assenza di questo contesto più esteso. Grazie al punto di vista offerto in *Gli Alleati dell'Umanità* e nel più ampio corpo di insegnamenti rappresentato da Summers, ci viene dato l'imperativo e ci viene data l'ispirazione per unirci in una più profonda comprensione volta a servire l'ulteriore evoluzione dell'umanità.

◆

Nel suo rapporto per la rassegna di Time Magazine, delle 100 voci più influenti del 20esimo secolo, Peter Mattheisen scrisse di Rachel Carson, "Prima che esistesse un movimento ambientalista, esisteva una donna coraggiosa ed il suo coraggiosissimo libro." Tra qualche anno, potremo allo stesso modo dire di Marshall Vian Summers: "Prima che esistesse un movimento di resistenza contro l'Intromissione aliena, esisteva un uomo coraggioso ed il suo coraggiosissimo messaggio, Gli Alleati dell'Umanità." Possa questa volta la nostra risposta essere più rapida, più decisiva e più coesa.

— Michael Brownlee
Giornalista

*G*li *Alleati dell'Umanità* viene presentato per preparare la gente ad una completa nuova realtà che oggi è in gran parte nascosta e non conosciuta nel mondo. Fornisce una nuova prospettiva che dà la possibilità a tutti gli individui di affrontare una delle più grandi sfide ed opportunità che la razza umana abbia mai incontrato. Le istruzioni degli Alleati contengono un certo numero di dichiarazioni importanti e, a dir poco, allarmanti, circa l'intervento di extraterrestri, sempre crescente nell'ambito della razza umana e circa le attività e l'agenda segreta di alcune razze di extraterrestri. Lo scopo dei Briefing degli Alleati non è fornire una prova inconfutabile circa la realtà ET e del loro intervento nel nostro mondo, che è già ben documentato in molti altri comprensivi libri e pubblicazioni di ricerca su tale soggetto. Lo scopo dei Briefing degli Alleati è sottolineare le implicazioni drammatiche ed ampie di questo fenomeno, tali da sfidare le nostre abitudini e le nostre ideologie umane e per avvertire l'umana famiglia della grande soglia che stiamo per varcare. I Briefing forniscono una prospettiva della realtà di vita intelligente nell'universo e cosa il contatto realmente significherà. Per molti lettori, ciò che è rivelato ne *Gli Alleati dell'Umanità* sarà interamente nuovo. Per altri, sarà una conferma delle cose che hanno da lungo tempo percepito e conosciuto.

Benché questi Briefing forniscano un messaggio urgente, essi riguardano anche l'avanzamento verso una più alta presa di coscienza chiamata "Conoscenza", che comprende una maggiore funzione telepatica fra la gente e fra le razze. Alla luce di questo, i Briefing degli Alleati sono stati trasmessi all'autore da un gruppo multi-razziale di individui extraterrestri che si definiscono "Gli Alleati dell'Umanità". Si descrivono come esseri fisici di altri mondi che si sono riuniti nel nostro sistema solare vicino alla terra con lo scopo di osservare le comunicazioni e le attività di quelle razze straniere che sono qui nel nostro mondo e che interferiscono negli affari umani. Danno risalto al fatto che loro stessi non sono fisicamente presenti nel nostro mondo e che ci stanno trasmettendo la necessaria saggezza, non della tecnologia, e non stanno interferendo con noi.

I Briefing degli alleati sono stati dati all'autore durante il periodo di un anno. Offrono la prospettiva e la visione all'interno di un'attività complessa che, nonostante i decenni di crescenti testimonianze, continua a confondere i ricercatori. Tuttavia questa prospettiva non è romantica, speculativa o idealistica nel suo metodo di affrontare questo argomento. Al contrario, è senza mezzi termini realistica ed intransigente, tale da poter sembrare oltremodo provocatoria, anche a un lettore che abbia abbastanza conoscenza in materia.

Di conseguenza, per recepire ciò che questo libro ha da offrire bisogna mettere da parte, per un momento almeno, molte delle convinzioni, dei presupposti e delle domande che si possano avere circa il contatto extraterrestre e perfino sul modo in cui queste istruzioni sono state ricevute. Il contenuto di questo libro è come un messaggio in una bottiglia trasmessa qui da un altro mondo. Quindi, non dovremmo essere incuriositi dalla bottiglia ma dal messaggio in essa contenuto.

Per capire veramente questo messaggio provocatorio, dobbiamo sfidare e mettere in discussione molti dei prevalenti presupposti e ideologie riguardo alla possibilità e alla realtà del contatto.

Questi includono:

- rifiuto;
- speranzosa aspettativa;
- interpretazione erronea della prova per far valere le nostre convinzioni;
- volere e aspettarsi una salvezza dai "visitatori";
- credere che la tecnologia ET possa essere la nostra salvezza;
- sentirsi impotenti ed inferiori a ciò che noi supponiamo sia una forza superiore;
- esigere la 'disclosure' da parte dei governi ma non da parte degli ET;
- condannare i capi e le istituzioni umane ma accettare incondizionatamente la presenza dei "visitatori";
- supporre che, poiché non ci hanno ancora attaccato o invaso, devono essere qui per il nostro bene;
- supporre che la tecnologia avanzata sia sinonimo di etica e di spiritualità avanzate;
- credere che questo fenomeno sia un mistero quando, in effetti, è un evento comprensibile;

– credere che gli ET abbiano delle rivendicazioni da fare sull'umanità e sul nostro pianeta;

– e credere che l'umanità sia irrimediabile e non possa farcela da sola.

I Briefing degli Alleati sfidano tali presupposti e tali credenze, disintegrando molti dei miti che attualmente abbiamo circa quelli che ci stanno visitando e perché sono qui.

I Briefing degli Alleati dell'Umanità ci danno una maggior prospettiva e ci fanno capire più in profondità qual è il nostro destino all'interno di un più grande panorama di vita intelligente nell'universo. Per realizzare questo, gli Alleati non parlano alla nostra mente analitica ma alla nostra conoscenza, la parte più profonda del nostro essere dove la verità, per quanto offuscata, può direttamente essere discinta e sentita.

Gli Alleati dell'Umanità Libro Primo farà emergere molte domande, che richiederanno ulteriori chiarimenti. Il punto focale non è fornire nomi, date e luoghi ma fornire una prospettiva sulla presenza extraterrestre nel mondo e sulla vita nell'universo che noi, come esseri umani, non potremmo altrimenti avere. Mentre ancora viviamo in completo isolamento sulla superficie del nostro mondo, non possiamo ancora vedere e capire che cosa sta accadendo in riferimento a vite intelligenti oltre i nostri confini. Per questo abbiamo bisogno di aiuto, aiuto di un genere molto straordinario. Potremo non riconoscere inizialmente o accettare tale aiuto. Tuttavia esso è qui.

Lo scopo dichiarato degli Alleati è quello di avvisarci dei rischi di entrare a far parte di una Comunità Più Grande di vita intelligente e di aiutarci con successo nell'oltrepassare questa grande soglia in modo tale che la libertà, la sovranità e l'autodeterminazione umana possano essere preservate. Gli Alleati sono qui per farci capire la necessità dell'umanità di stabilire le nostre "Regole dell'Ingaggio" durante quest'epoca che non ha precedenti. Secondo gli Alleati, se saremo saggi, pronti ed uniti, allora potremo prendere il nostro meritato posto come razza matura e libera all'interno di questa più vasta Comunità.

◆

Durante il periodo in cui questa serie di istruzioni è stata trasmessa, gli alleati hanno ripetuto determinate idee chiave che hanno ritenuto fossero vitali per la nostra comprensione. Abbiamo mantenuto queste reiterazioni nei Briefing per conservare l'intenzione e l'integrità della loro comunicazione. A causa della natura urgente del messaggio degli Alleati ed a causa di forze nel mondo che si opporrebbero a questo messaggio, c'è una saggezza e una necessità insite in queste reiterazioni.

A seguito della pubblicazione de *Gli Alleati dell'Umanità Libro Primo* nel 2001, gli Alleati hanno fornito un secondo insieme di Istruzioni per completare il loro messaggio vitale da dare all'umanità. Il secondo libro *Gli Alleati dell'Umanità Libro Secondo* pubblicato nel 2005, presenta sensazionali nuove informazioni sulle interazioni fra le razze del nostro universo locale e sulla natura, sullo scopo e sulla maggior parte delle attività segrete di quelle razze che stanno interferendo negli affari umani. Grazie a quei lettori che hanno ritenuto importante ed urgente il messaggio degli Alleati ed hanno tradotto i Briefing in altre lingue, vi è una maggiore e crescente consapevolezza in tutto il mondo sulla realtà dell'Intervento.

Noi della "Biblioteca della Nuova Conoscenza" consideriamo che questi due insiemi di Briefing contengano quello che può considerarsi uno dei messaggi più importanti che siano mai stati comunicati oggi al mondo. *Gli Alleati dell'Umanità* non è solo un altro libro che specula sul fenomeno di UFO/ET. È un messaggio trasformazionale genuino che mira direttamente allo scopo di fondo cioè all'intervento alieno, in modo tale da poter consolidare la consapevolezza di quello di cui avremo bisogno per affrontare le sfide e le opportunità che ci stanno dinnanzi.

—NEW KNOWLEDGE LIBRARY
(Biblioteca della Nuova Conoscenza)

Chi sono
gli Alleati dell'Umanità?

Gli Alleati sono al servizio dell'umanità perché essi sono al servizio della riconquista e dell'espressione della Conoscenza, dovunque essa sia, nella Comunità Più Grande. In molti mondi essi rappresentano i Saggi che supportano uno scopo superiore nella vita. Insieme, essi condividono una Conoscenza ed una Saggezza superiori, che possono essere trasferite per lunghe distanze di spazio ed oltre i confini di razze, culture, temperamenti ed ambienti. La loro Saggezza è penetrante. La loro abilità è grandiosa. La loro presenza è nascosta. Essi vi riconoscono perché si rendono conto che siete una razza emergente, che sta emergendo in un ambiente della Comunità Più Grande che è molto difficile e molto competitivo.

◆

SPIRITUALITÀ DELLA COMUNITÀ PIÙ GRANDE
Capitolo 15: Chi Serve l'Umanità?

...Oltre vent'anni fa, un gruppo di individui

provenienti da vari mondi si è riunito in una

discreta posizione nel nostro sistema solare

vicino alla terra, con lo scopo di osservare

l'intervento alieno che sta avendo luogo nel

nostro mondo. Dalla loro posizione strategica

nascosta, sono stati in grado di determinare

l'identità, l'organizzazione e le intenzioni di

coloro che visitano il nostro mondo e

controllare la loro attività.

Questo gruppo di osservatori si fa

chiamare "Gli Alleati dell'Umanità."

Questo è il loro rapporto.

I
Briefing

◆

La presenza extraterrestre nel mondo oggi

È un grande onore poter trasmettere queste informazioni a quelli di voi che sono così fortunati da poterle ricevere. Siamo gli Alleati dell'Umanità. Questa trasmissione è resa possibile dalla presenza degli Unseen Ones, i Consiglieri Spirituali che monitorano lo sviluppo di vite intelligenti sia nel vostro mondo che nella vasta Comunità Più Grande di Mondi.

Non stiamo comunicando tramite un dispositivo meccanico, ma attraverso un canale spirituale che è esente da interferenze. Sebbene viviamo, come voi, in un corpo fisico, ci viene conferito il privilegio di comunicare in questo modo per trasmettere le informazioni che dobbiamo condividere con voi.

Rappresentiamo un piccolo gruppo che sta osservando gli eventi del vostro mondo. Veniamo dalla Comunità Più Grande. Non interferiamo negli affari umani. Non possediamo nessuna istituzione qui da voi. Siamo stati inviati per uno scopo molto specifico — essere testimoni degli eventi che stanno accadendo nel vostro mondo e, dataci l'opportunità di poterlo fare, comunicare a voi ciò che vediamo e ciò che apprendiamo. Vivendo sulla superficie del vostro mondo non potete essere consapevoli di ciò che lo circonda. Neppure potete vedere chiaramente le visitazioni che si stanno susseguendo nel vostro mondo attualmente, o vedere ciò che questo fa presagire per il vostro futuro.

Vorremmo dare testimonianza di questo. Stiamo agendo in tal modo su richiesta degli Unseen Ones, essendo stati inviati per questo fine. Le informazioni che stiamo per comunicarvi possono sembrare molto provocatorie e strabilianti. Molti saranno colti di sorpresa e avranno difficoltà a recepire questo messaggio. Siamo consapevoli di questa difficoltà, dato che abbiamo dovuto affrontare lo stesso problema all'interno delle nostre civiltà.

Mentre leggete queste istruzioni, potrà essere difficile accettarle inizialmente, ma sono di importanza vitale per tutti coloro che cercano di dare il proprio contributo al mondo.

Per molti anni abbiamo osservato gli avvenimenti del vostro mondo. Non cerchiamo rapporti con l'umanità. Non siamo qui in missione diplomatica. Siamo stati inviati dagli Unseen Ones per risiedere in prossimità del vostro mondo in modo da poter osservare gli eventi che stiamo per descrivere.

I nostri nomi non sono importanti. Sarebbero insignificanti per voi e non li comunicheremo per tutelare la nostra sicurezza, dato che dobbiamo rimanere nascosti al fine di poter prestare servizio.

Per cominciare, è necessario che tutti i popoli capiscano che l'umanità è in procinto di emergere in una Comunità Più Grande di vita intelligente. Il vostro mondo è "visitato" da innumerevoli razze aliene e da diverse organizzazioni di razze. Ciò sta accadendo attivamente da un certo tempo. Ci sono state visitazioni durante tutta la storia dell'umanità, ma niente di questa portata. L'avvento delle armi nucleari e la distruzione del vostro mondo naturale hanno portato queste forze ai vostri scali.

Sappiamo che molta gente nel mondo, oggi, sta cominciando a rendersi conto che tutto ciò sta davvero accadendo. Noi anche capiamo che vengono date molte interpretazioni a queste visitazioni, a quello che potrebbero significare ed a quello che potrebbero offrire. Molte persone che sono informate di queste cose sono molto fiduciose e prevedono un notevole beneficio per l'umanità. Capiamo! È naturale prevedere questo. È naturale essere fiduciosi.

Le visitazioni nel vostro mondo in questo momento sono molto numerose, tanto che gente in tutte le parti del mondo ne è testimone e sta subendo direttamente i relativi effetti. Il motivo che ha portato questi "visitatori" dalla Comunità Più Grande, queste differenti organizzazioni di esseri, non è promuovere l'avanzamento dell'umanità o la sua formazione spirituale. Il motivo vero che ha portato queste forze ai vostri approdi in tal numero e con tale intenzione sono le risorse del vostro mondo.

Ci rendiamo conto che questa affermazione sia difficile da accettare di primo acchito, perché voi non siete in grado di apprezzare in pieno la bellezza del vostro mondo, le innumerevoli cose che possiede e quanto esso sia un raro gioiello in una Comunità Più Grande di mondi spogli e di spazi vuoti. Mondi come il vostro sono veramente rari. La maggior parte dei luoghi abitati della Comunità Più Grande sono stati colonizzati e ciò è stato possibile grazie alla tecnologia. Ma luoghi come il vostro dove la vita si è sviluppata in modo naturale, senza l'aiuto della tecnologia, sono di gran lunga più rari di quanto voi possiate immaginare. Altri hanno avuto modo di notare tutto ciò, poiché le risorse biologiche del vostro mondo sono state usate da diverse razze nel corso dei millenni. Da alcuni è considerato un deposito inestimabile. Purtroppo, lo sviluppo della cultura umana e delle sue pericolose armi, unitamente al graduale esaurimento di queste risorse, hanno innescato l'Intromissione aliena.

Forse vi meraviglierete del fatto che nessun tentativo diplomatico sia stato mai effettuato per contattare i governanti dell'umanità. Questa è una domanda ragionevole, ma la difficoltà sta nel fatto che non esiste nessuno che la rappresenti, perché il vostro popolo è diviso e le nazioni si oppongono tra loro. Viene presunto inoltre da questi Visitatori di cui parliamo, che voi siate guerrafondai ed aggressivi e che possiate arrecare danno e ostilità all'Universo che vi circonda benché ci siano in voi delle buone qualità.

Quindi, nel nostro discorso desideriamo darvi un quadro chiaro di cosa sta accadendo, cosa tutto questo significherà per l'umanità e come esso sia relazionato al vostro sviluppo spirituale, al vostro sviluppo sociale, al vostro futuro nel mondo e all'interno della Comunità Più Grande.

La gente non è consapevole della presenza di forze aliene, è inconsapevole della presenza di cercatori di risorse e di coloro che sono alla ricerca di alleanze con l'umanità per il proprio profitto. Forse sarebbe opportuno incominciare a darvi un'idea di come sia la vita al di là dei vostri approdi, perché non avete mai avuto modo di spingervi al di fuori dei confini terrestri per constatarlo da voi.

Voi occupate una parte della galassia che è abbastanza abitata. Non tutte le parti della galassia sono così popolate. Vi sono delle grandi regioni inesplorate e delle razze nascoste. Scambi e commerci tra mondi sono effettuati solo in alcune aree. L'area in cui emergerete è una tra le più competitive. La necessità di risorse viene sentita dappertutto e molte società tecnologiche hanno esaurito le risorse naturali del proprio mondo e sono quindi costrette a viaggiare, commerciare e barattare in modo da ottenere quello di cui hanno bisogno. Molte alleanze sono create e si innescano molti conflitti.

È opportuno a questo punto comprendere che la Comunità Più Grande entro la quale emergerete è un ambiente difficile e allo stesso tempo stimolante, che porterà grandi opportunità e grandi possibilità all'umanità. Tuttavia, affinché queste possibilità e questi vantaggi possano realizzarsi, l'umanità deve prepararsi e deve imparare cosa sia la vita nell'universo. Deve anche capire cosa significa spiritualità, all'interno della Comunità Più Grande di vita intelligente.

Dalla storia nostra noi comprendiamo che questa è la più grande soglia che qualsiasi mondo possa mai affrontare. Non è qualcosa, tuttavia, che potete pianificare da soli. Non è qualcosa che potete progettare per un vostro momento futuro. Perché le forze stesse che porterebbero qui la realtà della Comunità Più

Grande, sono già presenti nel mondo. Le circostanze le hanno portate qui. Sono qui.

Forse questo vi darà un'idea di come sia la vita oltre i vostri confini. Non vogliamo alimentare un'idea di timore, ma è necessario per il vostro benessere e per il vostro futuro che riceviate una valutazione onesta e che riusciate a capire chiaramente queste cose.

Riteniamo che prepararvi per come sarà la vita nella Comunità Più Grande sia la più grande necessità del vostro mondo oggi. Ma, dalle nostre osservazioni, la gente è preoccupata dei propri affari e dei problemi della vita quotidiana, ignara di forze impellenti che cambieranno il loro destino e che interesseranno il loro futuro.

Le forze ed i gruppi che sono oggi qui rappresentano varie alleanze. Queste differenti alleanze non lavorano unite tra loro. Ogni alleanza rappresenta vari gruppi razziali che collaborano tra loro con lo scopo di accedere alle risorse del vostro mondo e di mantenere questo accesso. Queste differenti alleanze si stanno, essenzialmente, facendo concorrenza a vicenda benché non siano in guerra tra loro. Loro vedono il vostro mondo come un grande bottino, qualcosa che vogliono avere per sé.

Ciò crea una sfida molto grande per la vostra gente, perché le forze che vi stanno visitando non solo hanno una tecnologia avanzata, ma hanno anche una forte coesione sociale e possono influenzarvi a livello mentale. Vedete, nella Comunità Più Grande, la tecnologia è facilmente reperibile e si può tranquillamente acquistare, quindi il grande vantaggio fra le società in concorrenza tra loro consiste nella capacità di influenzare il pensiero.

Questo ha raggiunto livelli estremamente sofisticati. Rappresenta un insieme di abilità che l'umanità sta cominciando a scoprire soltanto ora.

Di conseguenza, i vostri visitatori non vengono muniti di micidiali armi o di eserciti o flotte di vascelli. Vengono in gruppi relativamente piccoli, ma possiedono considerevole abilità nell'influenzare la gente. Ciò rappresenta un uso più sofisticato e più maturo del potere nella Comunità Più Grande. È questa l'abilità che l'umanità dovrà coltivare in futuro se vorrà cimentarsi con successo nei rapporti con altre razze.

Gli ospiti sono qui per guadagnarsi la fedeltà dell'umanità. Non vogliono distruggere le società umane o la presenza umana. Invece, desiderano usarvi per i propri scopi. La loro intenzione è utilizzare, non distruggere. Ritengono di essere nel giusto perché credono di salvare il mondo. Alcuni persino credono di salvare l'umanità da se stessa. Ma questa prospettiva né è affine con i vostri maggiori interessi, né alimenta saggezza o autodeterminazione all'interno della famiglia umana.

Tuttavia, poiché ci sono forze benevole all'interno della Comunità Più Grande dei mondi, voi avete degli alleati. Noi rappresentiamo la voce dei vostri alleati, gli Alleati dell'Umanità. Non siamo qui per usare le vostre risorse o portar via ciò che possedete. Non cerchiamo di soggiogare l'umanità o di farne una colonia per i nostri usi. Invece, desideriamo promuovere la resistenza e la saggezza all'interno dell'umanità, perché sosteniamo questi stessi principi in tutta la Comunità Più Grande.

Il nostro ruolo, allora, è oltremodo essenziale e le nostre informazioni sono estremamente necessarie perché attualmente la gente che è informata riguardo alla presenza dei visitatori non è ancora consapevole delle loro intenzioni. La gente non capisce i metodi dei visitatori e non comprende né la loro etica, né la loro moralità. La gente pensa che i visitatori siano angeli o mostri. Ma in realtà, sono molto simili a voi nei loro bisogni. Se poteste vedere il mondo attraverso i loro occhi, capireste la loro coscienza e la loro motivazione. Ma per fare ciò, dovreste avventurarvi al di là di quelli vostri.

I visitatori sono impegnati in quattro attività fondamentali per ricavare influenza all'interno del vostro mondo. Ciascuna di queste attività è unica, ma tutte sono coordinate tra loro. Le stanno attuando perché l'umanità è stata studiata a lungo. Il pensiero umano, il comportamento umano, la fisiologia umana e la religione umana sono stati studiati per del tempo. Questi fattori sono stati ben assimilati dai vostri visitatori e saranno usati per i loro scopi.

La prima area di attività dei visitatori consiste nell'influenzare quegli individui in posizioni di potere. Poiché non hanno nessuna intenzione di distruggere niente nel mondo o di danneggiare le sue risorse, cercano di influenzare quelli che loro percepiscono come collocati in una posizione di potere, principalmente all'interno di governi e di istituzioni religiose. Loro cercano il contatto, ma solo con certi individui. Loro hanno il potere di stabilire questo contatto e hanno anche il potere della persuasione. Non tutti i contattati si faranno convincere, ma molti sì. La promessa di grande potere, di straordinarie tecnologie e di dominio mondiale sedurrà e spronerà certi individui. Sarà con questi individui che i visitatori cercheranno di stabilire un legame.

Esistono alcune persone nei vari governi che sono state persuase in tal modo, il loro numero è in continua crescita. I visitatori capiscono la gerarchia del potere perché loro stessi vivono in questo modo, cioè, seguendo una catena di comando. Sono estremamente organizzati e puntano diretti verso il loro obbiettivo; l'idea di avere a che fare con una cultura straniera totalmente libera di esprimere il proprio pensiero è totalmente estranea alla loro concezione. Non riescono a concepire o capire la libertà umana. Loro sono come tante altre società avanzate, all'interno della Comunità Più Grande, che operano sia all'interno dei loro rispettivi mondi che nelle loro strutture, attraverso vaste regioni di spazio, seguendo una ben radicata e rigida forma di governo e di organizzazione. Essi credono che l'umanità sia caotica ed ingovernabile e credono di portare ordine in una situazione che loro stessi non capiscono. La libertà individuale è a loro sconosciuta e non ne comprendono il valore. Ne risulterebbe che quello che loro cercano di implementare sulla terra non terrebbe conto di questa libertà.

Conseguentemente, la loro prima area di azione è quella di stabilire un legame con individui in posizione di potere e di influenza, in modo da conquistare il loro appoggio e di persuaderli riguardo agli aspetti benefici della loro amicizia e della condivisione di uno scopo.

La seconda area di azione, che è forse la più difficile da considerare dal vostro punto di vista, è la manipolazione dei valori e degli impulsi religiosi. I visitatori capiscono che la più grande dote dell'umanità rappresenta anche la sua più grande vulnerabilità. La gente che spera in una redenzione individuale rappresenta una delle più grandi doti che la famiglia umana possa offrire, persino alla Comunità Più Grande. Ma è anche la vostra debolezza. Allora saranno questi valori e questi impulsi che saranno utilizzati.

Parecchi gruppi di visitatori fingono di essere messaggeri spirituali perché sanno come trasmettere il loro pensiero alla mente. Essi possono comunicare con la gente direttamente e, sfortunatamente, la situazione diventa molto difficile poiché ci sono poche persone al mondo che sanno distinguere la differenza tra una voce spirituale ed una voce di un visitatore.

Pertanto, la seconda area di intervento è quella di guadagnarsi la fiducia della gente attraverso le loro fedi religiose e spirituali. Effettivamente, questo può essere fatto con molta facilità, perché la gente non è abbastanza forte nel campo mentale e nel campo del pensiero. È molto difficile per le persone distinguere da dove questi impulsi possano venire. Molta gente è presa dalla voglia di farsi ghermire da qualsiasi cosa che abbia una voce superiore e un potere superiore. I vostri visitatori possono proiettare immagini, immagini dei vostri santi, dei vostri maestri, di angeli, immagini che sono ritenute care e sacre nel vostro mondo. Essi hanno implementato questa attività nel corso di molti, molti secoli con l'intento di influenzare l'un l'altro, imparando le vie della persuasione che vengono praticate in molti luoghi della Comunità Più Grande. Loro vi considerano primitivi e quindi credono di potervi influenzare e di poter usare efficacemente questi metodi su di voi.

È evidente che ci sia un tentativo di contattare quegli individui che sono considerati sensitivi, ricettivi e naturalmente pronti a collaborare. Molte persone saranno selezionate, ma pochi verranno poi scelti in base a queste particolari capacità. I vostri visitatori cercheranno di persuadere questi individui, di ottenere la loro fiducia e la loro devozione, convincendo il contattato che questi visitatori siano qui per sollevare l'umanità spiritualmente, per dare all'umanità nuova speranza, nuove benedizioni e nuovo potere, promettendo le cose che la gente così ardentemente desidera e non ha ancora trovato da sola. Forse vi chiederete: "Ma come è mai possibile che tutto ciò sia avverabile?" Ma possiamo assicurarvi che non è difficile una volta appresi questi metodi e queste abilità.

L'impegno in questo contesto è quello di pacificare e rieducare la gente con una metodologia spirituale. Questo "Programma di Pacificazione" è usato in varie forme con differenti gruppi religiosi sulla base dei loro ideali e del loro carattere. È sempre rivolto ad individui ricettivi. Qui sperano che le persone perdano il loro metro di discernimento e si affidino totalmente a questo più grande potere che viene loro dato dai visitatori. Una volta che questa fiducia è stabilita, diventa sempre più difficile per queste persone discernere quello che loro percepiscono nel profondo di se stessi da quello che viene loro insegnato. È una forma molto subdola ma è una forma di persuasione e di manipolazione molto prevalente. Parleremo di più di questo argomento durante il nostro percorso.

Ora accenniamo alla terza sfera di attività, che è stabilire la loro presenza nel mondo e abituare la gente a questa presenza. Il loro intento è quello di far sì che la gente incominci ad abituarsi a questo grande cambiamento e alla loro presenza fisica nonché all'impatto che essa provocherà a livello Mentale. Per raggiungere questo scopo, creeranno qui delle strutture, comunque non in vista. Queste strutture saranno nascoste, ma saranno molto potenti nell'influenzare le popolazioni umane che sono vicine a loro. I visitatori porranno grande attenzione e tempo per assicurarsi che queste strutture siano efficaci e che abbastanza gente sia loro fedele. Sarà cura di queste persone proteggerli e tutelarli.

Questo è esattamente quanto sta accadendo nel vostro mondo attualmente. Rappresenta una grande sfida e purtroppo un grande rischio. Queste stesse cose che vi stiamo descrivendo sono accadute tante volte in tanti luoghi della Comunità Più Grande. Le razze emergenti come la vostra sono sempre le più vulnerabili. Alcune razze emergenti riescono a raggiungere una propria consapevolezza, abilità e cooperazione a punto tale da riuscire a deviare le influenze esterne come questa, ed affermarsi con una presenza ed una posizione nella Comunità Più Grande. Tuttavia molte razze, prima che riescano ad assicurare questa libertà, cadono sotto il controllo e l'influenza di poteri alieni.

Noi comprendiamo che queste informazioni possano suscitare paura e forse anche rifiuto e confusione. Ma nell'osservare gli eventi, ci rendiamo conto che esistono poche persone che sono consapevoli della situazione così com'è. Neppure quelli che sono coscienti della presenza di forze aliene sono in una posizione di chiarezza dalla quale possono vedere chiaramente la situazione, ed essendo quanto mai fiduciosi ed ottimisti, cercano di dare a questo grande fenomeno un giudizio più positivo possibile.

Tuttavia, la Comunità Più Grande è un ambiente competitivo, un ambiente difficile. Quelli che si avventurano in viaggi nello spazio non rappresentano gli spiriti avanzati, perché coloro che sono spiritualmente avanzati cercano di isolarsi dalla Comunità Più Grande. Non cercano il commercio. Non cercano di influenzare altre razze o di cimentarsi nel complesso rapporto che viene implementato per il commercio e per il reciproco beneficio. Invece, coloro che sono avanzati spiritualmente cercano di rimanere nascosti. Questa è una cosa molto inconsueta da capire, forse, ma è necessario farlo per riuscire a comprendere la difficile situazione che l'umanità sta per affrontare. Tuttavia in questa difficile situazione ci sono delle grandi possibilità. Vorremmo parlare di questo ora.

Nonostante la gravità della situazione che stiamo descrivendo, non riteniamo che queste circostanze siano una tragedia per l'umanità. Effettivamente, se queste circostanze possono essere accettate e capite e se la possibilità, che ora esiste nel mondo, di prepararsi per la Comunità Più Grande può essere utilizzata, studiata ed applicata, le persone di buona volontà, ovunque esse siano, avranno la capacità di attingere alla Conoscenza ed alla Saggezza della Comunità Più Grande. Quindi la gente di ogni luogo potrà trovare le basi per collaborare in modo da potere infine formare quell'unità della famiglia umana che non è stata realizzata prima d'ora. La tenebra portata dalla Comunità Più Grande sarà necessaria per unire l'umanità, e questa tenebra è già presente.

Emergere in una Comunità Più Grande di vita intelligente fa parte della vostra evoluzione. Questo accadrà a prescindere dal fatto che siate preparati oppure no. Deve accadere. La preparazione, allora, diventa la chiave. Comprensione e chiarezza, queste sono le cose che sono necessarie nel vostro mondo in questo momento.

Persone dappertutto possiedono grandi doni spirituali che possono permettere loro di vedere chiaramente e di sapere. Questi doni ora sono necessari. Devono essere riconosciuti liberamente, impiegati e condivisi con altri. Fare ciò non dipende unicamente da un grande Maestro o da un grande santo del vostro mondo. Questo deve essere alimentato da molte più persone adesso, perché l'attuale situazione porta con sé la necessità e se questa necessità può essere valutata e condivisa, può condurre ad una grande opportunità.

Tuttavia, l'esigenza di imparare a conoscere la Comunità Più Grande e di cominciare a vivere l'esperienza della spiritualità della Comunità Più Grande è enorme. Mai prima d'ora gli esseri umani hanno potuto imparare tanta saggezza in un così breve periodo di tempo. Effettivamente, tali informazioni sono state raramente apprese da qualcuno nel vostro mondo. Ma ora il bisogno è cambiato. Le circostanze sono differenti. Ora ci sono nuove influenze in mezzo a voi, influenze che potete sentire e che potete conoscere.

I visitatori cercano di ostacolare la gente dall'avere questa visione e questa conoscenza, dato che neanche loro ce l'hanno. Non ne vedono il valore. Non ne capiscono la realtà. In questo, l'umanità è complessivamente più avanzata di loro. Ma questo è soltanto un potenziale, un potenziale che deve ora essere alimentato.

La presenza aliena nel mondo si sta sviluppando. Si sta sviluppando ogni anno e ogni giorno. Molta altra gente soccombe alla loro persuasione, perdendo la capacità di capire, essendo confusa e distratta, credendo nelle cose che possono soltanto indebolirla e renderla impotente di fronte a quelli che cercano di usarla per i propri scopi.

L'umanità è una razza emergente. È vulnerabile. Sta affrontando un insieme di situazioni ed influenze che non ha dovuto mai affrontare prima. Vi siete evoluti soltanto per farvi concorrenza a vicenda. Non avete mai dovuto entrare in competizione con altre forme di vita intelligente. Tuttavia è questa competizione che vi rinforzerà e farà affiorare in voi le vostre più grandi capacità, se la situazione può essere chiaramente analizzata e capita.

È il ruolo degli Unseen Ones quello di promuovere questa forza. Gli Unseen Ones, che forse voi chiamereste Angeli, non solo parlano al cuore umano ma a tutti quei cuori che sono in grado di ascoltare e che si sono guadagnati la libertà di poterlo fare.

Veniamo, quindi, con un messaggio difficile, ma un messaggio di promessa e di speranza. Forse non è il messaggio che la gente vuole ascoltare. Non è certamente il messaggio che i visitatori promuoverebbero. È un messaggio che può essere condiviso da persona a persona e sarà condiviso perché è naturale agire in tal modo. Tuttavia, i visitatori, e coloro che sono caduti nella loro rete persuasiva, si opporranno ad una tale consapevolezza. Non vogliono vedere un'umanità indipendente. Quello non è il loro scopo. Non credono neanche che sia benefico. Di conseguenza, è nostro desiderio sincero che queste idee siano accettate senza timore e con un'apertura mentale ponderata, insieme ad una profonda preoccupazione, che in questo contesto è ben giustificata.

Siamo consapevoli che c'è molta gente nel mondo oggi che ritiene che un grande cambiamento stia sopraggiungendo sull'umanità. Gli Unseen Ones ci hanno detto queste cose. Molte cause sono attribuite a questo senso di cambiamento e si predicono molti esiti. Tuttavia a meno che non riusciate a cominciare a comprendere la realtà del fatto che l'umanità sta emergendo all'interno di una Comunità Più Grande di vita intelligente, non avrete gli elementi giusti per la comprensione del destino dell'umanità e del grande cambiamento che si sta preparando per il mondo.

Da una nostra analisi, la gente nasce in un determinato tempo per servire in quel tempo. Questo è un insegnamento della Spiritualità della Comunità Più Grande, un insegnamento di cui anche noi siamo allievi. Insegna la libertà ed il potere per uno scopo comune. Trasmette l'autorità all'individuo ed a colui che vuole unirsi ad altri, un'idea che raramente viene accettata o adottata nella Comunità Più Grande, dato che la Comunità Più Grande non è un luogo paradisiaco. Essa è una realtà fisica con tutte le difficoltà della sopravvivenza e di tutto ciò che questo comporta. Tutti gli esseri all'interno di questa realtà devono fare i conti con questi bisogni e questi problemi. In questo, i vostri visitatori sono più simili a voi di quanto possiate concepire. Non sono incomprensibili. Loro cercano di esserlo, ma possono essere capiti. Avete il potere di fare questo, ma dovete vedere con occhi liberi. Dovete vedere con una più ampia visione e capire con una più acuta intelligenza, e queste cose, in voi stessi, avete la possibilità di coltivarle.

Ora è necessario che noi si parli di più della seconda zona di influenza e di persuasione perché questa ha una grande importanza ed è nostro sincero desiderio che voi comprendiate queste cose e che diate ad esse la dovuta considerazione.

Le religioni del mondo posseggono le chiavi della fedeltà umana e della sua unità, più dei governi, più di qualunque altra istituzione. Questa è una bella cosa da dire riguardo all'umanità, perché religioni come queste sono spesso difficili da trovare nella Comunità Più Grande. Il vostro mondo è ricco a tale riguardo, ma è là nella vostra forza che siete anche più deboli e vulnerabili. Molta gente vuole essere guidata da un essere divino ed essere la prescelta, affidare le redini della propria esistenza ed avere un maggior potere spirituale che la diriga, la consigli e la preservi. Ciò è un desiderio genuino, ma all'interno del contesto della Comunità Più Grande, una considerevole saggezza deve essere coltivata in modo che questo desiderio possa avverarsi. È molto triste per noi vedere come la gente possa dar via la propria autorità così facilmente — qualcosa che non hanno mai neanche completamente posseduto, la cedono volontariamente a chi nemmeno conoscono.

Questo messaggio è destinato a raggiungere la gente che ha una maggior relazione con la sfera spirituale. Di conseguenza, è necessario che noi elaboriamo su questo argomento. Noi siamo sostenitori di una spiritualità che è insegnata nella Comunità Più Grande, non la spiritualità che è governata da nazioni, governi o alleanze politiche, ma quella innata capacità di spiritualità, capacità di sapere, vedere ed agire. Ma tutto ciò non è certo enfatizzato dai vostri visitatori. Loro cercano di far credere alla gente che loro, i visitatori, siano la loro famiglia, che i visitatori siano la loro casa, che i visitatori siano i loro fratelli e sorelle, le loro madri ed i padri. Molta gente vuole crederci quindi ci crede. La gente vuole dare via la propria personale autorità e così la cede. La gente vuole vedere degli amici e la salvezza nei visitatori e ciò è proprio quello che viene loro mostrato.

C'è bisogno di tanta lucidità ed oggettività per vedere attraverso questi inganni e queste difficoltà. Sarà necessario che la gente faccia questo se l'umanità vuole entrare con successo nella Comunità Più Grande e mantenere la sua libertà e la sua autodeterminazione in un ambiente di influenze e di forze sovrastanti. In questo, il vostro mondo potrebbe essere conquistato senza che sia sparato un colpo, dato che la violenza è considerata primitiva e grezza e raramente viene impiegata in contesti come questo.

Forse vi chiederete, "Questo vuol dire che c'è un'invasione nel nostro mondo?" Dobbiamo dire che la risposta è "sì" un'invasione del più subdolo genere. Se siete in grado di avere questi pensieri e di considerarli seriamente, potrete constatarlo da soli. La prova di questa invasione è dappertutto. Potete vedere come l'abilità umana è portata fuori corso dal desiderio di felicità, pace e sicurezza, potete vedere come la visione e la capacità della gente di sapere sono impedite da influenze anche all'interno delle proprie culture. Quanto più grandi saranno queste influenze all'interno del contesto della Comunità Più Grande!

Questo è il doloroso messaggio che dobbiamo lanciare. Questo è il messaggio che deve essere divulgato, la verità che deve essere declamata, la verità che è vitale e che non può attendere. È necessario ora, in modo che la gente sappia di più della grande Conoscenza, di una più elevata saggezza e di una maggiore spiritualità, necessarie per ritrovare le proprie vere capacità ed essere in grado di usarle efficacemente.

La vostra libertà è in gioco. Il futuro del vostro mondo è in gioco. È per questo che siamo stati inviati qui, per parlare come Alleati dell'Umanità. Ci sono nell'universo quelli che stanno mantenendo la Conoscenza e la Saggezza vive e che agiscono a un più elevato livello di spiritualità nella Comunità. Loro non vanno in giro per i vari mondi, cercando di influenzarli. Non rapiscono le persone contro la loro volontà. Non rubano i vostri animali e le vostre piante. Non cercano di influenzare i vostri governi. Non cercano di accoppiarsi con l'umanità per instaurare qui una nuova leadership. I vostri alleati non cercano di interferire negli affari umani. Non cercano di sconvolgere il destino umano. Loro osservano da lontano e inviano degli emissari come noi, a nostro enorme rischio, per dare consiglio e incoraggiamento e per chiarire le cose quando ciò diventa necessario. Quindi, veniamo in pace con un messaggio vitale.

Ora dobbiamo parlare della quarta area in cui i vostri visitatori cercano di stabilirsi, e questo è attraverso gli incroci. Non possono vivere nel vostro ambiente. Hanno bisogno del vostro vigore fisico. Hanno bisogno della vostra affinità naturale con il mondo. Hanno bisogno della vostra capacità riproduttiva. Inoltre vogliono legarsi a voi perché capiscono che questo genera fedeltà. Ciò, in un certo senso, affermerà la loro presenza qui perché la prole di un tal programma avrà legami di sangue con il mondo ma sarà anche legata ai visitatori. Forse questo sembra incredibile, tuttavia è oltremodo reale.

I visitatori non sono qui per rubare le vostre abilità riproduttive. Sono qui per stabilirsi. Vogliono che l'umanità creda in loro e li serva. Vogliono che l'umanità lavori per loro. Prometteranno qualsiasi cosa, offriranno qualsiasi cosa e faranno qualsiasi cosa per realizzare questo obiettivo. Tuttavia, benché la loro persuasione è grande, il loro numero è piccolo. Ma la loro influenza sta crescendo ed il loro programma di incrocio, che è stato implementato nel corso di parecchie generazioni, finalmente sarà effettivo. Ci saranno esseri umani super intelligenti ma che non rappresenteranno la famiglia umana. Tali cose sono possibili e sono accadute innumerevoli volte nella Comunità Più Grande. Basta solo osservare l'impatto di culture e di razze l'una sull'altra per constatare come dominanti ed influenti siano queste interazioni.

Quindi, portiamo con noi notizie importanti, notizie preoccupanti. Ma dovete rassicurarvi, poiché questo non è un momento per essere ambigui. Questo non è il momento di cercare la fuga. Questo non è il momento di interessarsi solo della propria felicità. Questo è il momento di dare il proprio contributo al mondo, di rafforzare la famiglia umana e di portare avanti quelle capacità naturali che esistono nelle persone, l'abilità di vedere, sapere e di agire nell'armonia reciproca. Queste capacità possono scalzare l'influenza che si sta abbattendo sull'umanità in questo momento, ma queste capacità devono svilupparsi ed essere condivise. Questo riveste massima importanza.

Questo è il nostro consiglio. Viene impartito con buone intenzioni. Siate grati di avere degli alleati nella Comunità Più Grande, poiché avrete bisogno di loro. Voi state entrando in un più grande universo, colmo di forze e di influenze che ancora non avete imparato a contrastare. State entrando in un più grande panorama di vita e dovete prepararvi per questo. Le nostre parole sono solo una parte della preparazione. Delle istruzioni per prepararsi sono trasmesse al mondo ora. Provengono dal Creatore di tutta la vita. Arrivano proprio al momento giusto. Perché questo è il momento propizio affinché l'umanità diventi forte e saggia. Avete la capacità di fare questo e gli eventi e le circostanze della vostra vita vi portano ad averne un immenso bisogno.

La sfida contro la libertà umana

L'umanità sta approcciando un periodo molto pericoloso e molto importante nel suo sviluppo collettivo. Siete presso la soglia del vostro esordio in una Comunità Più Grande di vita intelligente. Incontrerete altre razze che stanno venendo nel vostro mondo con l'obiettivo di tutelare i propri interessi e di scoprire quali opportunità si potranno presentare per loro. Essi non sono angeli o esseri angelici. Non sono entità spirituali. Sono esseri che stanno venendo nel vostro mondo per le sue risorse, per delle alleanze e per mettersi in una posizione di vantaggio nei confronti di un mondo emergente. Non sono esseri malvagi. Non sono santi. Sono, infatti, molto simili a voi in certi aspetti. Sono semplicemente guidati dalle loro necessità, dalle loro società, le loro credenze ed i loro collettivi traguardi.

Questo è un momento grandioso per l'umanità, ma l'umanità non è preparata. Dal nostro punto di vista più ampio, possiamo vedere questo in un contesto più allargato. Noi non siamo coinvolti nelle vite di ogni giorno degli individui nel mondo. Noi non cerchiamo di persuadere i governi o di rivendicare un diritto su certe parti del mondo o certe risorse che esistono qua. Noi, invece, osserviamo e vorremmo riportarvi quello che osserviamo, perché questa è la nostra missione.

Gli Unseen Ones ci hanno detto che ci sono molte persone che oggi avvertono uno strano senso di inquietudine, un senso vago di urgenza, una sensazione che qualcosa sta per succedere e che qualcosa dovrebbe essere fatto. Forse non c'è nulla, nella loro sfera giornaliera di esperienze, che giustifica queste sensazioni più profonde, che verifica l'importanza di queste sensazioni, oppure che dà una sostanza alla loro espressione. Questo lo possiamo capire perché siamo passati attraverso cose simili noi stessi nella nostra storia. Noi rappresentiamo diverse razze unite in una piccola alleanza volta a supportare l'emersione della Conoscenza e della Saggezza nell'universo, particolarmente con razze che sono sulla soglia dell'emersione nella Comunità Più Grande. Queste razze emergenti sono particolarmente vulnerabili all'influenza ed alla manipolazione straniera. Sono particolarmente vulnerabili ad equivocare la propria situazione. È comprensibile, perché come potrebbero capire il significato e la complessità della vita nell'ambito della Comunità Più Grande? È per questo che desideriamo giocare il nostro piccolo ruolo nel preparare e formare l'umanità. Nel nostro primo trattato abbiamo fornito una descrizione generale del coinvolgimento dei visitatori in quattro aree. La prima area è l'influenza da esercitare su persone in posizioni importanti nel governo e in capo ad istituzioni religiose. La seconda area di influenza è su persone che hanno un'inclinazione spirituale e che desiderano aprire se stesse a poteri superiori che esistono nell'universo. La terza area di coinvolgimento è la costruzione di insediamenti in punti strategici del pianeta, vicini a centri popolati, dove possono esercitare la loro influenza sull'Ambiente Mentale. In ultimo, abbiamo parlato del programma di ibridazione con l'umanità, un programma che è in corso da molto tempo.

Possiamo capire quanto inquietante possa essere tutto ciò e, forse, anche quanto deludente possa essere per quelle tante persone che avevano speranze e aspettative sul fatto che dei visitatori da oltre il mondo potessero portare benedizioni e grandi benefici all'umanità. È naturale forse presumere o aspettarsi queste cose, ma la Comunità Più Grande entro la quale l'umanità sta emergendo è un ambiente difficile e competitivo, particolarmente in aree dell'universo dove molte razze diverse competono ed interagiscono per scambi e commercio. Il vostro mondo è situato in tale area. Questo vi potrebbe sembrare incredibile perché vi è sempre sembrato di vivere in isolamento, soli nel vasto vuoto dello spazio. Ma in verità voi vivete in una zona dell'universo che è abitata, dove gli scambi ed il commercio sono realtà consolidate e dove le tradizioni, le interazioni e le associazioni sono di lunga data. A vostro vantaggio, voi vivete in un bellissimo mondo—un mondo di enorme diversità biologica, un luogo splendido in confronto allo squallore di molti altri mondi.

Questo, tuttavia, porta anche grande urgenza alla vostra situazione e comporta un vero rischio, perché possedete quello che molti altri vorrebbero per se stessi. Essi non vogliono distruggervi ma vogliono acquistare la vostra fedeltà e la vostra alleanza, affinché la vostra esistenza nel mondo e le vostre attività siano orientate al loro beneficio. State emergendo in un insieme di circostanze mature e complicate. Qua non potete comportarvi come dei bambini e credere o sperare di avere le benedizioni di tutti quelli che potreste incontrare. Dovete diventare saggi e discernenti, come abbiamo dovuto fare noi, nel corso della nostra difficile storia. Ora l'umanità dovrà imparare le modalità della Comunità Più Grande, le intricate interazioni tra razze, le complessità degli scambi e le subdole manipolazioni delle associazioni e delle alleanze che ci sono tra i vari mondi. È un difficile ma importante momento per l'umanità, un momento che serba grandi promesse se viene intrapresa una vera preparazione.

In questo, che è il nostro secondo trattato, vorremmo parlare con maggiore dettaglio dell'intromissione nelle faccende umane da parte di vari gruppi di visitatori, quello che questo potrebbe significare per voi e quanto questo richiederà da voi. Non veniamo per incitare la paura ma per provocare un senso di responsabilità, per generare una maggiore consapevolezza ed incoraggiare una preparazione per la vita entro la quale state entrando, una vita più grande è anche una vita con problemi più grandi e più grandi sfide. Siamo stati mandati dalla potenza spirituale e dalla presenza degli Unseen Ones. Forse li vedete in modo amichevole come degli angeli, ma nella Comunità Più Grande il loro ruolo è superiore a ciò ed il loro coinvolgimento e le loro alleanze sono profondi e penetranti. La loro potenza spirituale è qua per benedire gli esseri senzienti in tutti i mondi ed in tutti i luoghi e per promuovere lo sviluppo della Conoscenza e della Saggezza più profonda che renderà possibili le relazioni pacifiche tra i mondi e nell'ambito dei mondi. Noi siamo qui per conto loro. Loro ci hanno chiesto di venire e ci hanno dato molte delle informazioni che abbiamo, informazioni che non avremmo potuto raccogliere da soli. Da loro abbiamo appreso molte cose che riguardano la vostra natura. Abbiamo appreso molto sulle vostre abilità, le vostre forze, le vostre debolezze e la vostra enorme vulnerabilità. Queste cose le possiamo comprendere perché i mondi da dove proveniamo sono passati anche loro attraverso questa grande soglia per emergere nella Comunità Più Grande. Abbiamo imparato molto ed abbiamo sofferto molto per via dei nostri sbagli, sbagli che speriamo che l'umanità riesca ad evitare.

Veniamo, dunque, non solo muniti della nostra esperienza, ma con una più profonda consapevolezza ed un più profondo senso di scopo che ci è stato dato dagli Unseen Ones. Stiamo osservando il vostro mondo da una posizione vicina e stiamo monitorando le comunicazioni di quelli che vi stanno visitando. Sappiamo chi sono. Sappiamo da dove sono venuti e perché sono qua. Noi non competiamo con loro perché non siamo qua per sfruttare il mondo. Noi ci consideriamo gli Alleati dell'Umanità e speriamo che nel tempo ci considererete tali anche voi, perché questo siamo. Anche se non lo possiamo documentare, speriamo di dimostrarlo attraverso le nostre parole e la saggezza dei nostri consigli. Speriamo di prepararvi per quello che sta arrivando. Portiamo con la nostra missione un senso di urgenza, perché l'umanità è molto indietro nella sua preparazione per la Comunità Più Grande. Nei decenni scorsi molti tentativi di stabilire un contatto con gli esseri umani, per prepararli per il loro futuro, si sono dimostrati fallimentari. Riuscimmo a raggiungere solo pochi individui, e, da quanto ci è stato detto, molti di questi contatti furono fraintesi e furono usati da altri per scopi diversi.

Pertanto, siamo stati mandati al posto di quelli che ci precedettero, per offrire di aiutare l'umanità. Noi lavoriamo insieme per la nostra stessa unica causa. Noi non rappresentiamo una grande potenza militare, ma un'alleanza sacra e segreta. Non ci piace veder perpetrare nel vostro mondo il genere di faccende che esistono nella Comunità Più Grande. Non vogliamo vedere l'umanità diventare uno stato clientelare di una rete più grande di potenze. Non vogliamo vedere l'umanità perdere la sua libertà e la sua autodeterminazione. Questi sono rischi reali. Per via di questo, vi incoraggiamo a considerare profondamente le nostre parole, senza paura se possibile e con quel genere di convinzione e determinazione che sappiamo che esiste in tutti i cuori umani.

Oggi e domani e nei giorni a venire, è in corso una notevole attività volta a stabilire una rete di influenza sulla razza umana da parte di quelli che stanno visitando il mondo per i loro scopi. Loro credono di venire a salvare il mondo dall'umanità. Alcuni addirittura credono di salvare l'umanità da se stessa. Si sentono nel giusto e non pensano che le loro azioni siano inappropriate o non etiche. Sulla base della loro etica, loro stanno facendo quello che viene considerato ragionevole ed importante. Tuttavia, per tutti gli esseri che amano la libertà, tale approccio non può essere giustificato.

Noi osserviamo le attività dei visitatori, attività che stanno aumentando. Ogni anno la loro presenza cresce in numero. Vengono da lontano, portano provviste. Stanno intensificando il loro ingaggio ed il loro impegno. Stanno stabilendo stazioni di comunicazione in molti luoghi nel vostro sistema solare. Stanno osservando tutte le vostre incursioni nello spazio e contrasteranno e distruggeranno qualsiasi cosa che riterranno possa interferire con le loro attività. Stanno cercando di stabilire un controllo non solo del vostro mondo ma dell'area intorno al vostro mondo. Questo succede perché qua ci sono forze in competizione tra loro. Ognuna rappresenta un'alleanza di diverse razze.

Ora affronteremo l'ultima delle quattro aree delle quali parlammo nel nostro primo trattato. Questa riguarda i visitatori che stanno allevando degli ibridi con la razza umana. Lasciate prima che vi raccontiamo un po' di storia. Molte migliaia di anni fa nel vostro tempo, molte razze arrivarono per ibridarsi con l'umanità al fine di dare all'umanità maggiore intelligenza ed adattabilità. Questo portò all'improvvisa comparsa di quello che comprendiamo si chiami "Uomo Moderno". Questo vi ha dato dominio e potere nel vostro mondo. Questo successe molto tempo fa.

Tuttavia, il programma di ibridazione che sta avendo luogo oggi non è per niente lo stesso. Viene intrapreso da un insieme di esseri interamente diverso e da alleanze diverse. Attraverso l'ibridazione stanno cercando di creare un essere umano che farà parte della loro associazione ed allo stesso tempo potrà sopravvivere nel vostro mondo e potrà avere un'affinità naturale con il mondo. I vostri visitatori non possono vivere sulla superficie del vostro mondo. Essi devono cercare rifugio sottoterra, cosa che stanno facendo, oppure devono vivere a bordo dei loro vascelli che spesso tengono nascosti in grossi corpi d'acqua. Vogliono allevare esseri ibridati con gli umani per proteggere i loro interessi qua, che sono primariamente le risorse del vostro mondo. Vogliono assicurarsi la lealtà umana, così questo programma di ibridazione va avanti da diverse generazioni ed è diventato piuttosto estensivo negli ultimi vent'anni.

Il loro scopo è duplice. Per prima cosa, come abbiamo menzionato, i visitatori vogliono creare un essere simile all'umano che può vivere nel vostro mondo ma che sarà legato a loro e che avrà un insieme superiore di sensibilità e di abilità. Il secondo scopo di questo programma è di influenzare tutti quelli che incontrano e di incoraggiare le persone ad assisterli nella loro impresa. I visitatori vogliono e necessitano l'assistenza umana. Questo a tutti gli effetti favorisce il loro programma. Vi considerano preziosi. Tuttavia, non vi considerano come dei loro compagni o dei loro simili. Utili, è così che vi considerano. Ne consegue che in tutti quelli che essi incontreranno, in tutti quelli che prenderanno, i visitatori inculcheranno questo senso della loro superiorità, del loro valore e del loro merito e della significanza delle loro imprese nel mondo. I visitatori diranno a tutti quelli che contatteranno che sono qua per il bene ed assicureranno quelli che cattureranno che non hanno bisogno di avere paura. Poi con quelli che sembreranno particolarmente ricettivi, cercheranno di stabilire delle alleanze—un senso di condivisione di scopo, anche un senso condiviso di identità e di famiglia, di retaggio e di destino. Nel loro programma, i visitatori hanno studiato la psicologia e la fisiologia umana in modo estesissimo e se ne approfitteranno facendo leva su quello che la gente vuole, in particolare quelle cose che la gente vuole ma non è stata in grado di procurarsi, come pace ed ordine, bellezza e tranquillità. Queste cose saranno offerte ed alcune persone ci crederanno. Altre persone saranno semplicemente utilizzate in base a quello che servirà.

Qua è necessario capire che i visitatori credono che ciò sia interamente appropriato al fine di preservare il mondo. Ritengono di fare un grande servizio per l'umanità, perciò hanno un fare generoso nei loro atti di persuasione. Sfortunatamente, questo dimostra una grande verità della Comunità Più Grande—che la vera saggezza e la vera Conoscenza sono tanto rare nell'universo quanto sembrano esserlo nel vostro mondo. Per voi è naturale sperare ed aspettarvi che le altre razze, maturando, siano fuori dall'ambiguità, dalle aspirazioni egoistiche, dalla competizione e dal conflitto. Ma, ahimè, non è così. Tecnologia superiore non eleva la forza mentale e spirituale degli individui.

Oggi vi sono molte persone che vengono prelevate ripetutamente contro la loro volontà. Essendo l'umanità molto superstiziosa e tendente a negare le cose che non è in grado di capire, sta lasciando che questa incresciosa attività venga portata avanti con considerevole successo. Tutt'ora, ci sono individui ibridi, in parte umani e in parte alieni, che camminano nel vostro mondo. Non ce ne sono molti, ma il loro numero crescerà in futuro. Forse un giorno ne incontrerete uno. Avranno un aspetto simile al vostro ma anche diverso. Li riterrete esseri umani, ma qualcosa di essenziale sembrerà mancargli, qualcosa a cui nel vostro mondo viene attribuito un valore. È possibile riuscire a discernere e identificare questi individui, ma per fare ciò, dovreste diventare abili nell'ambito dell'Ambiente Mentale ed imparare che cosa significhino Conoscenza e Saggezza nella Comunità Più Grande.

Noi riteniamo che imparare tutto ciò sia di vitale importanza, perché vediamo tutto quello che sta succedendo nel vostro mondo da un punto di vista più ampio ed abbiamo anche i consigli degli Unseen Ones che indicano cose che non riusciamo a vedere o ad accedere da soli. Noi comprendiamo questi eventi, perché sono cose successe innumerevoli volte nella Comunità Più Grande, quando l'influenza e la persuasione sono calate su razze che sono più deboli o troppo vulnerabili per reagire in modo efficace.

Noi speriamo e confidiamo che nessuno di quelli di voi che leggono questo messaggio pensino che queste intrusioni nella vita umana siano benefiche. Quelli che sono stati bersagliati saranno influenzati in modo tale da pensare che questi incontri siano benefici, per se stessi e per il mondo. Le aspirazioni spirituali della gente, il loro desiderio di pace ed armonia, di famiglia e di inclusione, sono tutti aspetti che saranno presi di mira dai visitatori. Tutti questi aspetti che rappresentano delle cose molto speciali della famiglia umana, senza la Saggezza e la preparazione, sono un segno di grande vulnerabilità. Solo gli individui che sono forti di Conoscenza e Saggezza potranno vedere l'inganno che viene perpetrato sulla famiglia umana. Solo loro sono in grado di proteggere le loro menti contro l'influenza che viene calata sull'Ambiente Mentale in così tanti posti nel mondo oggi. Solo loro vedranno e sapranno.

Le nostre parole non basteranno. Uomini e donne devono imparare a vedere e sapere. Noi questo lo possiamo solo incoraggiare. La nostra venuta qua è in concomitanza con la presentazione dell'insegnamento della Spiritualità nella Comunità Più

Grande, perché ora l'insegnamento, la preparazione, c'è e per questo ora noi possiamo essere una fonte di incoraggiamento. Se la preparazione non ci fosse, noi sapremmo che i nostri moniti ed il nostro incoraggiamento non sarebbero adeguati e non avrebbero successo. Il Creatore e gli Unseen Ones vogliono preparare l'umanità per la Comunità Più Grande. Questo, infatti, è il più importante bisogno dell'umanità in questo momento.

Pertanto, vi incoraggiamo a non credere che il prelevamento degli esseri umani, dei loro bambini e delle loro famiglie possa portare un beneficio all'umanità. Noi dobbiamo enfatizzare questo fatto. La vostra libertà è preziosa. La vostra libertà individuale e la vostra libertà come razza sono cose preziose. Noi ci abbiamo messo così tanto a riguadagnare la nostra libertà. Non vogliamo vedere voi perdere la vostra.

Il programma di ibridazione che sta avendo luogo nel mondo continuerà. L'unico modo con cui lo si può fermare è con una maggiore presa di coscienza ed un maggior senso di autorità interiore da parte della gente. Solo questo porrà fine a queste intrusioni. Solo questo smaschererà l'imbroglio che si nasconde nel retroscena. È difficile per noi pensare quanto possa essere orribile per la vostra gente, per quegli uomini e quelle donne, per quei piccoli che vengono sottoposti a questi trattamenti, questa ri-educazione, questa pacificazione. Sulla base dei nostri valori, ciò è ripugnante, ma sappiamo che queste cose succedono nella Comunità Più Grande e succedono sin dalla notte dei tempi.

È probabile che le nostre parole generino un crescendo di domande. Questo è salubre e naturale, ma non saremo in grado di rispondere a tutte le vostre domande. Dovrete anche trovare i mezzi per rispondere da soli. Però non lo potete fare senza una preparazione e non lo potete fare senza un orientamento. In questo momento siamo consapevoli che l'umanità, nel suo complesso, non è in grado di differenziare tra una "dimostrazione" generata dalla Comunità Più Grande ed una manifestazione spirituale vera. Questo rappresenta veramente una situazione difficile perché i vostri visitatori sono in grado di proiettare immagini, sono in grado di parlare alle persone attraverso l'Ambiente Mentale e le loro voci possono essere ricevute ed espresse attraverso le persone. Essi sono in grado di calare su di voi questa influenza perché l'umanità non ha ancora questa capacità di discernimento.

L'umanità non è coesa. È frammentata. È in contesa nel proprio ambito. Questo vi rende estremamente vulnerabili all'interferenza e la manipolazione esterna. È una cosa nota ai vostri visitatori il fatto che i vostri desideri spirituali e le vostre inclinazioni vi rendano particolarmente vulnerabili e fanno di voi dei soggetti particolarmente adatti al loro utilizzo. Quanto è difficile conquistare una vera oggettività verso queste cose. Anche nei luoghi da dove proveniamo noi, questa è stata una grande sfida. Ma quelli che desiderano rimanere liberi ed esercitare la propria autodeterminazione nella Comunità Più Grande devono sviluppare queste capacità e devono preservare le proprie risorse al fine di evitare di dover cercare di ottenerle da altri. Se il mondo perdesse la sua autosufficienza, perderebbe anche molta della sua libertà. Se si è costretti ad andare oltre il proprio mondo per cercare le risorse che servono per sopravvivere, si perde molto del proprio potere a favore di altri. Per il fatto che le risorse del vostro mondo stanno diminuendo rapidamente, quelli di noi che vi guardano da lontano hanno motivo per essere fortemente preoccupati. È anche una preoccupazione dei vostri visitatori, perché essi vogliono evitare la distruzione del vostro ambiente, non per il vostro bene ma per il bene loro.

Il programma di ibridazione ha solo uno scopo ed è quello di consentire ai visitatori di stabilire una presenza ed un'influenza autoritaria nel mondo. Non illudetevi che ai visitatori possa mancare qualcosa, qualcosa che sperano di trovare in voi, oltre alle vostre risorse. Non pensate che loro abbiano bisogno del vostro senso di umanità. Vogliono solo la vostra umanità per assicurarsi la propria posizione nel mondo. Non siate lusingati. Non indugiate in tali pensieri. Non sono giustificati. Se riuscite ad imparare a vedere la situazione chiaramente, com'è veramente, vedrete e saprete queste cose per conto vostro. Capirete perché siamo qua noi e perché all'umanità servono alleati in una Comunità Più Grande di vita intelligente. Vedrete anche l'importanza di imparare La Conoscenza superiore, La Saggezza e di imparare la Spiritualità della Comunità Più Grande.

Per il fatto che state emergendo in un ambiente dove queste cose diventano vitali per il successo, per la libertà, per la felicità e per la forza, avrete bisogno di una Conoscenza ed una Saggezza superiori, al fine di consolidarvi come razza indipendente nella Comunità Più Grande. Tuttavia, la vostra indipendenza la state perdendo con il passare di ogni singola giornata. È probabile che non vediate la vostra perdita di libertà, anche se forse la potete avvertire in qualche modo. Come fareste a vederla? Non potete uscire dal vostro mondo e testimoniare gli eventi che lo circondano. Non avete accesso agli impegni politici e commerciali delle forze aliene che oggi operano nel mondo, per poter capire la loro complessità, la loro etica ed i loro valori.

Non illudetevi mai che una razza dell'universo che viaggia per motivi di commercio possa essere spiritualmente evoluta. Quelli che cercano il commercio cercano un vantaggio. Quelli che viaggiano da mondo a mondo, quelli che sono esploratori di risorse, quelli che cercano di piazzare le proprie bandiere non sono quelli che potreste considerare spiritualmente avanti. Noi non li consideriamo spiritualmente evoluti. Esiste il potere terreno ed esiste il potere spirituale. La differenza tra queste due cose la potete capire ed ora è necessario che capiate questa differenza nell'ambito di un contesto più esteso.

Noi veniamo, dunque, con un senso di impegno ed un forte incoraggiamento per voi affinché manteniate la vostra libertà, diveniate forti e discernenti e non cediate a persuasioni o promesse di pace, di potere e di inclusione, da parte di chi non conoscete. Non concedetevi, inoltre, di trovare conforto nel pensiero che tutto andrà bene per l'umanità o anche personalmente per voi stessi, perché questa non è Saggezza. Perché i saggi in ogni luogo devono imparare a vedere la realtà della vita intorno a loro ed imparare a negoziare con questa vita in modo vantaggioso.

Ricevete, dunque, il nostro incoraggiamento. Parleremo ancora di queste faccende ed illustreremo l'importanza di conquistare discernimento e discrezionalità. Parleremo di più anche in merito al coinvolgimento nel mondo, da parte dei vostri visitatori, in aree che è molto importante che voi capiate. Noi speriamo che voi sappiate ricevere le nostre parole.

Un grande messaggio di allerta

E ravamo desiderosi di parlarvi ulteriormente delle faccende del vostro mondo e di aiutarvi a vedere, se possibile, quello che stiamo vedendo dal nostro punto di osservazione. Ci rendiamo conto che questo è difficile da ricevere e provocherà considerevole ansia e preoccupazione, ma dovete essere informati.

La situazione è molto grave dal nostro punto di vista e riteniamo che sarebbe una sfortuna terribile se le persone non venissero informate correttamente. C'è talmente tanto inganno nel mondo in cui vivete e in molti altri mondi, che la verità, anche se evidente ed ovvia, non viene riconosciuta ed i suoi segnali, i suoi messaggi, non vengono notati. Noi, allora, speriamo con la nostra presenza di aiutare a chiarire il quadro della situazione e di aiutare voi ed altri a vedere quello che veramente è là fuori. Dal punto di vista della nostra percezione non ci sono questi equivoci, perché siamo stati mandati per testimoniare proprio le cose che stiamo descrivendo.

Nel tempo, forse riuscirete a capire queste cose da soli, ma non avete più questo tempo a disposizione. Il tempo ora stringe. La preparazione dell'umanità per la comparsa di forze provenienti dalla Comunità Più Grande è di gran lunga in ritardo. Molte persone importanti non hanno reagito e l'intrusione nel mondo ha accelerato ad un ritmo maggiore di quanto all'inizio non si pensava fosse possibile.

Veniamo con pochissimo tempo da perdere, ma veniamo incoraggiandovi a condividere queste informazioni con altri. Come abbiamo indicato nei nostri messaggi precedenti, i visitatori stanno tuttora infiltrando il mondo e stanno condizionando e preparando l'Ambiente mentale. L'intenzione non è quella di sradicare gli esseri umani ma di utilizzarli, di farli diventare dei lavoratori per un più grande "collettivo". Le istituzioni del mondo e sicuramente il suo ambiente naturale sono considerati un valore ed i visitatori preferiscono che ciò sia preservato affinché loro lo possano utilizzare. Loro non possono vivere qua, perciò al fine di acquisire la vostra fedeltà stanno utilizzando molte delle tecniche che abbiamo descritto. Continueremo la nostra descrizione al fine di chiarire ulteriormente questi aspetti.

Il nostro arrivo qua è stato contrastato da diversi fattori, non ultima la mancanza di prontezza da parte di quelli che dovevamo raggiungere direttamente. Il nostro speaker, l'autore di questo libro, è l'unico con il quale siamo riusciti a stabilire un saldo contatto, perciò dobbiamo dare a lui le informazioni fondamentali.

Da quanto abbiamo appreso, dal punto di vista dei vostri visitatori gli Stati Uniti sono il leader del mondo, perciò gran parte dell'enfasi sarà posta là. Ma altre principali nazioni saranno contattate perché riconosciute come nazioni che detengono del potere e il potere è qualcosa che i visitatori comprendono, perché essi seguono senza questione i dettami del potere, più di quanto si possa vedere nel vostro mondo.

Saranno fatti dei tentativi al fine di persuadere i leader delle nazioni più forti a diventare ricettivi verso la presenza dei visitatori ed a ricevere doni ed incentivi per cooperare, con la promessa finale di reciproco beneficio e ad alcuni anche la promessa di dominio mondiale. Nei corridoi del potere del mondo ci saranno quelli che risponderanno a questi incentivi, perché penseranno che questa sia una grande opportunità per tirare l'umanità fuori dallo spettro di una guerra nucleare e creare una nuova comunità sulla terra, una comunità che essi governeranno per i propri scopi. Ma questi leader sono degli illusi, perché non verrà data loro la chiave di questo regno. Loro saranno solo gli arbitri nella fase di transizione del potere.

È questo che dovete capire. Non è così complicato. Dal nostro punto di vista e da questa visuale più ampia che abbiamo, è ovvio. Abbiamo visto la stessa cosa succedere in altri luoghi. È uno dei modi con cui le organizzazioni consolidate di razze che posseggono i loro "collettivi" reclutano mondi emergenti come il vostro. Essi credono fermamente di avere un'agenda virtuosa che lavora per il miglioramento del vostro mondo, perché l'umanità non è altamente rispettata da loro ed anche se siete in certi modi virtuosi, le vostre pecche superano di molto il vostro potenziale, dal loro punto di vista. Noi non la pensiamo così altrimenti non saremmo nella posizione in cui siamo e non vi offriremmo i nostri servizi in qualità di Alleati dell'Umanità.

C'è dunque ora una grossa difficoltà di discernimento, una grossa sfida. La sfida per l'umanità è capire chi sono veramente i suoi alleati e distinguerli dai potenziali avversari. Non ci sono fazioni neutre in questa faccenda. Il mondo è troppo prezioso, le sue risorse sono ritenute uniche e di considerevole valore. Non ci sono fazioni neutre coinvolte nelle faccende umane. La natura dell'Intromissione aliena consiste nell'esercitare influenza e controllo e in definitiva stabilire qua un'egemonia.

Noi non siamo i visitatori. Noi siamo osservatori. Noi non rivendichiamo diritti sul vostro mondo e non pianifichiamo di stabilirci qua. Per questo motivo i nostri nomi sono nascosti, perché non aspiriamo a relazioni con voi che vadano oltre la nostra capacità di darvi i nostri consigli nel modo che vedete. Noi non possiamo controllare l'esito di questa faccenda. Noi possiamo solo consigliarvi sulle scelte e le decisioni che la vostra gente deve effettuare alla luce di questi maggiori eventi.

L'umanità è molto promettente ed ha coltivato un ricco retaggio spirituale, ma le manca una formazione sulla Comunità Più Grande entro la quale sta emergendo. L'umanità è divisa ed è in contesa nel proprio ambito, rendendosi così vulnerabile alla manipolazione ed all'intrusione da oltre i propri confini. La vostra gente è preoccupata delle cose di ogni giorno, ma la realtà del domani non la riconoscono. Quale vantaggio potreste avere ignorando il più grande cambiamento imminente nel mondo e presumendo che l'Intromissione che sta avendo luogo oggi sia a vostro beneficio? Se poteste vedere la vera realtà della situazione non ci sarebbe nemmeno uno di voi che sosterrebbe ciò.

In un certo senso, è una questione di prospettiva. Noi siamo in grado di vedere, voi non lo siete perché non avete il punto di osservazione. Dovreste andare oltre i confini del mondo, fuori dalla sfera di influenza del vostro mondo, per vedere quello che vediamo noi. Però, noi per vedere quello che vediamo dobbiamo rimanere nascosti, perché se fossimo scoperti moriremmo di sicuro. Perché i vostri visitatori considerano la loro missione qua di massima importanza e considerano la Terra come il loro più papabile obiettivo tra molti altri. Non si fermeranno per noi. Allora è la vostra libertà che dovete valorizzare e difendere. Noi non lo possiamo fare per voi.

Ogni mondo, se vuole stabilire la propria coesione, libertà ed autodeterminazione nella Comunità Più Grande, deve consolidare questa libertà e difenderla se necessario. Altrimenti la dominazione sicuramente avrà la meglio e sarà totale.

Perché i vostri visitatori vogliono il vostro mondo? È troppo ovvio. Non siete voi che gli interessate particolarmente. Sono le risorse biologiche del vostro mondo. È la posizione strategica di questo sistema solare. Voi gli siete utili solo nella misura in cui queste cose sono di valore e possono da loro essere utilizzate. Vi offriranno quello che vorrete e vi diranno quello che vorrete sentirvi dire. Vi offriranno incentivi ed useranno le vostre religioni ed i vostri ideali religiosi per creare sicurezza e fiducia nel fatto che loro, più di voi, capiscono le necessità del vostro mondo e saranno in grado di servire queste necessità per apportare una maggiore equanimità. Per il fatto che l'umanità sembra incapace di stabilire unità ed ordine, molte persone apriranno le loro menti ed i loro cuori verso quelli che, a loro avviso, avranno una maggiore possibilità di farlo.

Nel secondo discorso, abbiamo parlato brevemente del programma di ibridazione. Alcuni hanno già sentito parlare di questo fenomeno e da quanto ne sappiamo ci sono già state delle discussioni sulla questione. Gli Unseen Ones ci hanno detto che c'è una crescente consapevolezza sull'esistenza di questo programma, ma è incredibile che la gente non veda le ovvie implicazioni di ciò. Sono tutti così presi dalle loro aspettative sulla questione extraterrestre e così male equipaggiati e preparati per affrontare ciò che tale Intromissione potrebbe significare. Chiaramente, un programma di ibridazione è un tentativo di fondere le capacità dell'umanità di adattamento al mondo fisico con la mente e la coscienza collettiva dei visitatori. Tale progenie sarebbe in una posizione perfetta per apportare una nuova leadership per l'umanità, una leadership che nasce dalle intenzioni della campagna dei visitatori. Questi individui avrebbero relazioni di sangue nel mondo, così anche altri sarebbero imparentati con loro e accetterebbero la loro presenza. Però le loro menti ed i loro cuori non sarebbero con voi ed anche se essi potessero provare compassione per la vostra condizione e per quello che la vostra condizione potrebbe diventare, non avrebbero alcuna autorità individuale per assistervi o per resistere alla coscienza collettiva che li ha allevati ed ha dato loro vita, perché loro non sono addestrati nella Via della Conoscenza e dell'Intuizione.

Vedete, alla libertà individuale non viene dato alcun valore dai vostri visitatori. Loro la considerano scellerata ed irrespon-

sabile. Loro capiscono solo la propria coscienza collettiva, che vedono come una cosa privilegiata e benedetta. Loro però non sono in grado di accedere alla vera spiritualità che nell'universo viene chiamata Conoscenza, perché La Conoscenza nasce dalla scoperta del sé dell'individuo ed è portata in luce attraverso relazioni di calibro superiore. Nessuno di questi due fenomeni è presente nel tessuto sociale dei vostri visitatori. Loro non sono in grado di pensare per conto proprio. La loro volontà non appartiene solo a loro perciò in via naturale loro non possono rispettare le prospettive di sviluppare questi due fenomeni superiori nel vostro mondo e sicuramente non sono in una posizione da poter favorire cose simili. Loro cercano solo la conformità e la fedeltà. Tutti gli insegnamenti spirituali che loro supporteranno nel mondo saranno solo per rendere gli umani remissivi, aperti e privi di sospetti al fine di accumulare un'immeritata fiducia.

Queste cose le abbiamo già viste in altri posti. Abbiamo visto interi mondi cadere sotto il controllo di tali collettivi. Ci sono molti collettivi di quel genere nell'universo. Per il fatto che tali collettivi hanno a che fare con commerci interplanetari e si estendono su ampie regioni, essi aderiscono senza deviazioni ad una rigida conformità. Tra loro non esiste individualità, almeno non nel modo che voi riconoscereste.

Noi non siamo sicuri di riuscire a darvi un esempio di come ciò sarebbe paragonabile a situazioni nel vostro mondo, ma ci è stato detto che esistono interessi commerciali di ampio raggio culturale nel vostro mondo e che brandiscono tremenda potenza pur essendo governati da pochi. Questa è forse una buona analogia con quanto stiamo descrivendo. Tuttavia, quello che

stiamo descrivendo è addirittura molto più potente, penetrante
e consolidato di qualsiasi cosa che potreste usare come esempio
nel vostro mondo.

Una verità comune alla vita intelligente di ogni luogo è che
la paura può essere una forza distruttiva. Tuttavia la paura serve
ad uno ed un solo scopo se percepita correttamente e questo è
quello di informarvi della presenza del pericolo. Noi siamo preoccupati e quella è la natura della nostra paura. Noi capiamo che
cosa è a rischio. Quella è la natura della nostra preoccupazione.
La vostra paura nasce dal fatto che non sapete che cosa stia succedendo, perciò è paura distruttiva. È una paura che non vi può
potenziare o darvi la percezione del fatto che dovete comprendere che cosa sta succedendo nel vostro mondo.

Se riuscite a diventare informati, allora la paura si può trasfor-
mare in preoccupazione e la preoccupazione si trasforma in azione
costruttiva. Non conosciamo un altro modo per descriverlo.

Il programma di ibridazione sta avendo molto successo. Ci
sono già quelli che camminano sulla vostra terra nati dalla coscienza dei visitatori e dai loro sforzi collettivi. Loro non possono
risiedere qua per periodi di tempo prolungati, ma entro pochi
anni saranno in grado di dimorare permanentemente sulla superficie del vostro pianeta. Tale è la perfezione della loro ingegneria
genetica, che essi sembreranno solo leggermente diversi da voi,
più nei modi e nella loro presenza che nell'apparenza fisica, a
punto tale che probabilmente non verranno notati o riconosciuti.
Tuttavia, avranno facoltà mentali superiori e questo darà loro un
vantaggio che voi non potrete pareggiare se non sarete formati
nelle Vie dell'Intuizione Profonda.

Questa è la realtà più ampia entro la quale l'umanità sta emergendo—un universo pieno di meraviglie e di orrori, un universo di influenza, un universo di competizione, però anche un universo pieno di Grazia, molto simile al vostro ma infinitamente più grande. Il Paradiso che cercate non è qua. Tuttavia, le forze con le quali vi dovete battere lo sono. Questa è la più grande soglia che la vostra razza dovrà mai affrontare. Ognuno di noi in questo gruppo ha affrontato ciò nei nostri rispettivi mondi e ci sono state molte sconfitte, con solamente pochi successi. Razze di esseri che sono in grado di mantenere la loro libertà ed il loro isolamento devono diventare forti ed unite e probabilmente si allontaneranno notevolmente dalle interazioni della Comunità Più Grande per proteggere la loro libertà.

Se penserete a queste cose, forse vedrete la possibilità di simili conseguenze nel vostro mondo. Gli Unseen Ones ci hanno raccontato molto in merito al vostro sviluppo spirituale e quanto esso sia promettente, ma ci hanno anche avvisato che le vostre predisposizioni ed i vostri ideali vengono ampiamente manipolati in questo momento. Ci sono interi insegnamenti che sono stati introdotti nel mondo e che insegnano l'accettazione passiva e la sospensione di capacità critiche e danno valore solo a ciò che è piacevole e confortevole. Questi insegnamenti vengono disseminati al fine di disabilitare la capacità della gente di accedere alla Conoscenza dentro se sessi, a tale punto che si sentono completamente dipendenti da forze superiori che essi non sono in grado di identificare. A quel punto, seguiranno qualsiasi cosa che viene dato loro da fare, anche se sentissero che c'è qualcosa di sbagliato, non avrebbero la forza di resistere.

L'umanità è vissuta nell'isolamento per lungo tempo. Forse crede che tale Intromissione non potrebbe avere luogo e che ogni persona detenga diritti di proprietà sulla propria coscienza e sulla propria mente. Ma queste sono solo supposizioni. Ci è stato detto, però, che i Saggi nel vostro mondo hanno imparato a superare queste supposizioni ed hanno acquisito la forza per consolidare il proprio Ambiente Mentale.

Noi temiamo che le nostre parole possano arrivarvi troppo tardi, che potrebbero avere un impatto troppo ridotto e che la persona che abbiamo scelto per riceverci abbia troppo poca assistenza e supporto per rendere disponibili queste informazioni. Egli si imbatterà in incredulità e ridicolizzazione, perché non sarà creduto e quello che dirà sarà in contraddizione con quella che molti credono sia la verità. Quelli che sono caduti nella rete della persuasione aliena saranno quelli che si opporranno maggiormente a lui, perché loro non hanno scelta.

Nell'ambito di questa grave situazione, il Creatore di tutta la vita ha mandato una preparazione, un insegnamento di abilità spirituale e discernimento, di forza e realizzazione. Noi siamo studenti di tale insegnamento, come lo sono molti nell'universo. L'insegnamento è una forma di intervento Divino. Non appartiene ad alcun mondo specifico. Non è di proprietà di una singola razza. Non è centrato su un eroe o un'eroina o su qualche individuo. Tale preparazione è ora disponibile. Dal nostro punto di vista è l'unica cosa che al momento può dare all'umanità l'opportunità di diventare saggia e discernente in merito alla vita nella Comunità Più Grande. Come è già successo nel vostro mondo nel corso della vostra storia, i primi a raggiungere le nuove terre erano gli esploratori ed i conquistatori. Essi non vengono per motivi altruistici. Vengono per trovare potere, risorse e per dominare. Questa è la natura della vita. Se l'umanità fosse ben erudita nelle faccende della Comunità Più Grande, resisterebbe contro qualsiasi visitazione nel proprio mondo a meno che non vi sia un accordo stabilito a monte. Sapreste bene di non lasciare che il vostro mondo sia così vulnerabile.

In questo momento, qua c'è più di un collettivo che compete per un guadagno. Questo posiziona l'umanità nel mezzo di un insieme di circostanze molto inusuale ma allo stesso tempo illuminante. È per quello che i messaggi dei visitatori spesso sembreranno inconsistenti. Ci sono stati conflitti tra di loro, ma sono disponibili a negoziare l'un l'altro nel caso ci fosse un riconoscibile beneficio reciproco. Tuttavia, sono sempre in competizione. Per loro questa è la frontiera. Per loro il vostro valore è il fatto che potreste essere utili. Se non sarete più riconosciuti utili, sarete semplicemente cestinati.

Qui c'è una grande sfida per le genti del vostro mondo e particolarmente per quelli che sono in posizioni di potere e responsabilità. La sfida è riconoscere la differenza tra una presenza spirituale ed una visitazione proveniente dalla Comunità Più Grande. Ma come potete avere la struttura logica per fare questa distinzione? Dove le potete imparare queste cose? Chi nel vostro mondo è nella posizione da potervi insegnare la realtà della Comunità Più Grande? Solo un insegnamento da oltre il mondo vi può preparare per la vita oltre il mondo e la vita oltre il mondo ora è nel vostro mondo, cerca di stabilirsi qua, cerca di estendere la sua influenza, cerca di guadagnarsi le menti, i cuori e le anime della gente di ogni luogo. È così semplice, allo stesso tempo così devastante.

Pertanto, il nostro compito in questi messaggi è portare un grande messaggio di allerta, ma il messaggio di allerta non è abbastanza. Ci deve essere da parte vostra una presa di coscienza. Almeno da parte di un numero sufficiente di voi, ci deve essere una comprensione della realtà che state ora affrontando. Questo è il più grande evento nella storia dell'umanità—la più grande minaccia contro la libertà umana e la più grande opportunità per unità e cooperazione umana. Noi riconosciamo questi grandi vantaggi e queste possibilità, ma con il passare dei giorni la loro speranza sbiadisce—quando sempre più persone sono catturate e la loro consapevolezza viene ricoltivata e ricostituita, quando sempre più persone imparano gli insegnamenti spirituali promossi dai visitatori e quando sempre più persone diventano più acquiescenti e meno capaci di discernere.

Noi siamo venuti su richiesta degli Unseen Ones per dare il nostro servizio come osservatori. Se avremo successo, rimarremo nella prossimità del vostro mondo per il tempo sufficiente per darvi queste informazioni. Dopo di che, ritorneremo nelle nostre case. Se dovessimo fallire e se la marea dovesse rivoltarsi contro l'umanità e la grande oscurità dovesse calare sul mondo, l'oscurità della dominazione, allora dovremo partire, con una missione incompiuta. In ogni caso, non possiamo stare con voi, ma se dimostrate che ci sia speranza rimarremo finché non sarete al sicuro, finché non sarete in grado di pensare a voi stessi. Questo include il requisito che voi siate autosufficienti. Se doveste mai dipendere dagli scambi con altre razze, questo creerebbe un grande rischio di manipolazione da oltreconfine, perché l'umanità non è ancora forte abbastanza da resistere alla potenza nell'Ambiente mentale che qua può essere esercitata e viene esercitata in questo momento.

I visitatori cercheranno di creare l'impressione che sono loro gli "alleati dell'umanità". Diranno di essere qua per salvare l'umanità da se stessa, che solo loro possono offrire la grande speranza che l'umanità non può dare a se stessa, che solo loro possono instaurare vero ordine ed armonia nel mondo. Ma questo ordine e questa armonia sarà loro, non vostra, e la libertà che loro promettono non sarà una cosa che potrete godere voi.

La manipolazione delle tradizioni e dei credo religiosi

Al fine di comprendere le attività dei visitatori nel mondo oggi, dobbiamo presentare ulteriori informazioni circa la loro influenza sui valori, sulle istituzioni religiose del mondo e sui fondamentali impulsi spirituali che sono comuni alla vostra natura e che, in molti modi, sono comuni alla vita intelligente in molti luoghi della Comunità Più Grande.

Dovremmo incominciare dicendo che le attività che i visitatori stanno conducendo nel mondo in questo momento sono state portate avanti molte altre volte presso molte altre culture nella Comunità Più Grande. I vostri visitatori non sono quelli che hanno dato origine a queste attività ma, semplicemente, le utilizzano a propria discrezione e le hanno utilizzate molte volte prima.

È importante che voi capiate che le capacità in termini di influenza e manipolazione sono state sviluppate ad altissimi livelli di funzionalità nella Comunità Più

Grande. Quando le razze diventano più abili e più capaci tecnologicamente, esse esercitano le une sulle altre degli influssi di genere maggiormente pervasivo. Gli esseri umani, ad oggi, si sono solo sviluppati nel competere gli uni con gli altri, perciò non hanno ancora questo vantaggio adattivo. Questo è in se stesso uno dei motivi per i quali vi stiamo presentando questo materiale. State entrando in un insieme di circostanze completamente nuovo, che richiede la coltivazione delle vostre abilità insite insieme all'apprendimento di nuove capacità.

Anche se l'umanità rappresenta una situazione di genere unico, emergere nella Comunità Più Grande è una cosa che con altre razze ha avuto luogo innumerevoli volte. Pertanto, ciò che viene perpetrato su di voi è già stato fatto prima. È una tecnica che è stata sviluppata fino a raggiungere alti livelli di perfezionamento ed ora viene adattata alla vostra vita ed alla vostra situazione con quella che ci sembra essere una relativa facilità.

Il Programma di Pacificazione che i visitatori stanno implementando sta, in parte, rendendo possibile ciò. Il desiderio di relazioni pacifiche ed il desiderio di evitare la guerra ed il conflitto sono ammirevoli, ma possono essere, e veramente lo sono, utilizzati contro di voi. Anche i vostri impulsi più nobili possono essere utilizzati per altri scopi. Questo lo avete visto nella vostra storia, nella vostra stessa natura e nelle vostre stesse comunità. La pace la si può stabilire solo su fondazioni di saggezza, cooperazione e capacità.

L'umanità è sempre stata in via naturale preoccupata da questioni che mirano a stabilire relazioni pacifiche tra le sue tribù e le sue nazioni. Adesso, tuttavia, ha un insieme più grande di problemi e di sfide. Noi le vediamo come opportunità di sviluppo per voi, perché solo la comparsa nella Comunità Più Grande unirà il mondo e vi darà la fondazione affinché quest'unità sia genuina, forte ed efficace.

Non veniamo, dunque, per criticare le vostre istituzioni religiose, o i vostri impulsi e i vostri valori fondamentali, ma per illustrare come essi vengono utilizzati contro di voi da quelle razze aliene che si stanno intromettendo nel vostro mondo. Se rientra nelle nostre possibilità, vorremmo anche incoraggiarvi ad utilizzare correttamente i vostri doni ed i vostri conseguimenti per preservare il vostro mondo, la vostra libertà e la vostra integrità di razza nel contesto della Comunità Più Grande.

I visitatori hanno un approccio essenzialmente pratico. Questa è una forza ma anche una debolezza. Nell'osservarli, qua ed altrove, abbiamo notato che per loro è difficile deviare dai loro piani. Essi non si adattano bene al cambiamento e non sanno bene gestire la complessità, pertanto, essi portano avanti i loro piani in modo quasi noncurante, perché ritengono di essere nel giusto e di avere la meglio. Essi non credono che l'umanità opporrà resistenza contro di loro—perlomeno non una resistenza che avrà un grande effetto su di loro. Loro ritengono che i loro segreti e la loro agenda siano ben custoditi e che siano al di fuori della capacità umana di comprensione.

Sotto questa luce, la nostra attività, quella di presentarvi questo materiale, ci rende loro nemici, sicuramente dal loro punto di vista. Dal nostro punto di vista, tuttavia, stiamo solo cercando di contrastare la loro influenza e di darvi il livello di comprensione di cui avete bisogno, unitamente alla prospettiva sulla quale basarvi per preservare la vostra libertà come razza ed affrontare le realtà della Comunità Più Grande.

Per via della natura pratica del loro approccio, essi desiderano realizzare i propri traguardi con la maggiore efficienza possibile. Essi desiderano unificare l'umanità, ma solo in accordo con la loro partecipazione e le loro attività nel mondo. Per loro l'unità della razza umana è un problema pratico. Loro non danno valore alla diversità culturale; sicuramente non le danno valore nell'ambito della loro cultura, pertanto, cercheranno di sradicarla o di minimizzarla, se possibile, dovunque stiano esercitando la loro influenza.

Nel nostro primo trattato abbiamo parlato dell'influenza dei visitatori su nuove forme di spiritualità—su nuove idee ed espressioni di divinità umana e natura umana che si trovano nel vostro mondo oggi. Nella nostra discussione di adesso, vorremmo mettere a fuoco i valori tradizionali e le istituzioni che i vostri visitatori vogliono influenzare e stanno influenzando oggi.

Nel tentativo di promuovere uniformità e conformità, i visitatori si avvarranno di quelle istituzioni e quei valori che a loro avviso sono maggiormente stabili e maggiormente pratici ai fini del loro utilizzo. Loro non sono interessati alle vostre idee e ai vostri valori se non dove questi possono contribuire a far andare avanti il loro progetto. Non cadete nell'inganno di pensare che essi siano attratti dalla vostra spiritualità perché a loro manca e la apprezzano. Questo sarebbe sciocco e forse anche uno sbaglio fatale. Non pensate che siano innamorati delle vostre vite e di quelle cose che voi trovate intriganti, perché solo in rari casi sarete in grado di influenzarli in questo modo. La naturale curiosità che avevano è stata a loro geneticamente tolta e poca rimane. Rimane in loro, infatti, poco di quello che voi chiamereste "Spirito" o quello che noi chiameremmo "Varne" o "La via dell'Intuito Profondo". Essi sono controllati e controllanti e seguono trame di pensiero e comportamento fermamente consolidate e severamente imposte. Loro potrebbero sembrare empatici verso le vostre idee, ma è solo per ottenere la vostra fedeltà.

Nelle istituzioni religiose tradizionali del vostro mondo, loro cercheranno di utilizzare quei valori e quelle fedi fondamentali che in futuro potranno servire a portarvi in uno stato di devozione verso di loro. Lasciate che vi diamo alcuni esempi che scaturiscono sia dalla nostra osservazione che dalle informazioni che gli Unseen Ones ci hanno dato durante un certo arco di tempo.

Molti nel vostro mondo seguono la fede Cristiana. Noi la riteniamo ammirevole, anche se non è certamente l'unico approccio alle questioni fondamentali dell'identità spirituale e dello scopo della vita. I visitatori utilizzeranno l'idea fondamentale di fedeltà ad un singolo leader al fine di generare fedeltà alla loro causa. Nel contesto di questa religione, l'identificazione con Gesù Cristo sarà fortemente utilizzata. La speranza e la promessa del suo ritorno nel mondo offre ai vostri visitatori una perfetta opportunità, particolarmente nel corso di questa svolta millenaria.

Noi sappiamo che il vero Gesù non tornerà nel mondo, perché sta lavorando in concerto con gli Unseen Ones in servizio all'umanità ed anche ad altri mondi. Quello che verrà in suo nome arriverà dalla Comunità Più Grande. Egli sarà uno che è stato generato e cresciuto per questo scopo dai collettivi che oggi sono nel mondo. Egli sembrerà umano ed avrà abilità per compiere gesta significative se confrontate a quello che ora siete in grado di fare voi. Sembrerà completamente altruistico. Sarà in grado di compiere gesta che genereranno sia paura che reverenza. Sarà in grado di proiettare immagini di angeli, demoni, o qualsiasi cosa alla quale i suoi superiori vi vorranno esporre. Sembrerà avere poteri spirituali, ma sarà proveniente dalla Comunità Più Grande e farà parte di un collettivo. Genererà fedeli che lo seguiranno. In definitiva, per quelli che non lo seguiranno raccomanderà che siano alienati ed infine distrutti.

Ai visitatori non importa quante delle vostre persone siano distrutte, a loro basta avere fedeltà di primo livello dalla maggioranza. Pertanto, i visitatori metteranno l'attenzione su quelle idee fondamentali che daranno loro questa autorità e questa influenza.

Una Seconda Venuta, insomma, è quello che stanno preparando i vostri visitatori. L'evidenza di ciò, da quello che sappiamo, è già presente nel mondo. Le persone non si rendono conto della presenza dei visitatori o della natura della realtà nella Comunità Più Grande, perciò accetteranno in via naturale, senza questione, ciò che è in linea con le loro convinzioni precedenti, sentendo che il tempo è arrivato per il grande ritorno del Salvatore e del loro Maestro. Ma quello che arriverà non sarà proveniente dal Cielo, non rappresenterà La Conoscenza o gli Unseen Ones e non rappresenterà il Creatore ed il Volere del Creatore. Abbiamo visto il formularsi di questo piano nel mondo. Abbiamo anche visto progetti simili venir portati avanti in altri mondi.

In altre tradizioni religiose, l'uniformità sarà incoraggiata dai visitatori—ciò che potreste definire come una religione di tipo fondamentale, basata sul passato, basata sulla fedeltà alle autorità e sulla conformità nei confronti delle istituzioni. Questo serve lo scopo dei visitatori. Loro non sono interessati all'ideologia ed ai valori delle vostre tradizioni religiose, solo alla loro utilità. Più la gente è in grado di pensare in modo uniforme, comportarsi nello stesso modo e reagire in modo prevedibile, più la gente sarà utile ai collettivi. Questa conformità la stanno promuovendo in molte diverse tradizioni. Qua l'intento non è quello di rendere uguali tutte le tradizioni, ma di renderle semplici nel proprio ambito.

In una parte del mondo prevarrà una particolare ideologia religiosa; in un'altra parte del mondo ne prevarrà una differente. Questo è totalmente utile per i vostri visitatori, perché a loro non interessa che ci sia una o più religioni, basta che ci sia ordine, conformità e fedeltà. Non avendo una loro religione da farvi in qualche modo seguire, o sulla quale poggiare la vostra identità, saranno loro ad usare le vostre per generare i propri valori. Perché loro danno valore solo alla totale fedeltà alla loro causa, ai collettivi, e cercano la vostra totale fedeltà al fine di farvi partecipare con loro nei modi da loro prescritti. Vi assicureranno che questo creerà pace e redenzione nel mondo ed il ritorno di qualsivoglia immagine o personaggio religioso considerato da voi di massimo valore.

Questo non vuol dire che le religioni fondamentali siano governate da forze aliene, perché sappiamo che sono ben stabilite nel vostro mondo. Quello che stiamo dicendo è che gli impulsi che queste generano ed i loro meccanismi saranno supportati dai visitatori ed utilizzati per i loro scopi. Pertanto, va data grande attenzione, da parte di tutti quelli che sono dei veri credenti nelle proprie tradizioni religiose, nel discernere queste influenze e, se possibile, contrastarle. Non è la persona media nel mondo quella che i visitatori cercheranno di convincere; è chi sta al comando.

I visitatori credono fermamente che se non interverranno in tempo, l'umanità distruggerà se stessa ed il mondo. Questa nozione non si basa sulla verità, ma solo su una supposizione. Anche se in verità l'umanità rischia di provocare la propria distruzione, questo non è necessariamente il vostro destino. I collettivi invece credono che sia così, così devono agire in fretta e dare grande enfasi ai loro programmi di persuasione. Quelli che potranno essere convinti saranno visti come utili; quelli che non riusciranno a convincere saranno scartati ed alienati. Se i visitatori dovessero diventare forti abbastanza da avere il completo controllo del mondo, quelli che non saranno conformi saranno semplicemente eliminati. Non saranno, tuttavia, i visitatori ad operare le eliminazioni. Sarà fatto attraverso la cooperazione degli stessi individui che saranno caduti totalmente in preda alla loro persuasione.

Questo è uno scenario terribile, ce ne rendiamo conto, ma non ci devono essere dubbi se volete capire e ricevere quello che stiamo esprimendo nei nostri messaggi a voi. Non è l'annientamento dell'umanità, ma è l'integrazione dell'umanità, quello che i visitatori vogliono realizzare. Essi si ibrideranno con voi per questo scopo. Essi cercheranno di reindirizzare i vostri impulsi religiosi e le vostre istituzioni religiose per questo scopo. Loro si stabiliranno da voi in modo clandestino per questo scopo. Influenzeranno i governi ed i capi del governo per questo scopo. Influenzeranno potenze militari mondiali per questo scopo. I visitatori sono fiduciosi di poter avere successo, perché finora vedono che l'umanità non ha ancora messo in piedi abbastanza resistenza da contrastare le loro misure e compromettere la loro agenda.

Per contrastarli dovete imparare la Via della Conoscenza della Comunità Più Grande. Qualsiasi razza libera dell'universo deve imparare La Via della Conoscenza, qualunque sia il modo in cui questa viene definita nell'ambito delle loro culture. Questa è la fonte della libertà individuale. Questo è quello che permette agli individui ed alle società di avere una vera integrità e di avere la saggezza necessaria per trattare con le influenze che agiscono contro La Conoscenza, sia nei loro mondi che nell'ambito della Comunità Più Grande. È dunque necessario imparare nuove vie, perché state entrando in una nuova situazione con nuove forze e nuove influenze. È cosa certa, non è una prospettiva futura, è una sfida immediata. La vita nell'universo non aspetta che siate pronti voi. Le cose succederanno che voi siate pronti o no. Le visitazioni hanno avuto luogo senza il vostro accordo, senza il vostro permesso, e i vostri diritti fondamentali vengono violati molto più di quanto vi rendete conto.

Per via di ciò noi siamo stati mandati, non solo per comunicarvi il nostro punto di vista ed il nostro incoraggiamento ma anche per lanciare un appello, un allarme, per ispirare consapevolezza ed impegno. Abbiamo già detto prima che non possiamo salvarla noi la vostra razza con l'intervento militare. Non è quello il nostro ruolo ed anche se tentassimo di farlo e raccogliessimo la forza per portare avanti una simile agenda, il vostro mondo sarebbe distrutto. Vi possiamo solo avvisare.

In futuro vedrete una ferocia di credo religiosi espressi in modi violenti, portati avanti contro le persone che dissentono, contro nazioni di forza inferiore ed usati come arma di attacco e distruzione. I vostri visitatori non vorrebbero nulla di meglio di vedervi provvisti di valori religiosi condivisi da tutti, perché questo incrementerebbe la loro forza lavoro e renderebbe più facile il loro lavoro. In tutte le sue manifestazioni, tale influenza fondamentalmente si riduce in acquiescenza e sottomissione—sottomissione di volontà, di scopo, sottomissione delle vite e delle capacità della gente. Il tutto sarà però annunciato come un grande conseguimento per l'umanità, un grande sviluppo per la società, una nuova unificazione per la razza umana, una nuova speranza di pace ed equanimità, un trionfo dello spirito umano sugli istinti umani.

Veniamo dunque con il nostro avviso e vi incoraggiamo a trattenervi dal prendere decisioni poco sagge, dal cedere le vostre vite per cose che non capite e dal cedere passivamente il vostro discernimento e la vostra riservatezza a fronte di un premio promesso. Vi dobbiamo inoltre incoraggiare a non tradire La Conoscenza dentro di voi, l'intelligenza spirituale con la quale siete nati e che ora detiene la vostra unica e più grande speranza.

Forse, sentendo tutto ciò, immaginerete l'universo come un luogo privo di Grazia. Forse diventerete cinici ed impauriti, pensando che l'avarizia sia una cosa universale. Ma non è così. Ciò che è necessario ora è che voi diventiate forti, più forti di quello che siete, più forti di quello che siete stati. Non date il benvenuto a comunicazioni con quelli che si intromettono nel vostro mondo finché non avrete questa forza. Non aprite le vostre menti ed i vostri cuori ai visitatori da oltre i confini del mondo, perché arrivano per raggiungere i propri scopi. Non illudetevi che adempiranno le vostre profezie religiose o i vostri più grandi ideali, perché questa è un'illusone.

Ci sono grandi forze spirituali nella Comunità Più Grande—individui ed anche nazioni che hanno raggiunto grandi livelli di conseguimento, di gran lunga oltre quello che l'umanità ha dimostrato ad oggi. Ma essi non vanno a prendere il controllo di altri mondi. Non rappresentano potenze politiche ed economiche nell'universo. Non sono impegnati nel commercio se non per soddisfare i propri bisogni fondamentali. Raramente essi viaggiano, eccetto in situazioni di emergenza.

Emissari vengono mandati per aiutare quelli che stanno emergendo nella Comunità Più Grande, emissari come noi. Ci sono anche emissari spirituali—il potere degli Unseen Ones, che possono parlare a coloro che sono pronti a riceverli e che dimostrano un buon cuore ed una buona promessa. È così che Dio lavora nell'universo.

State entrando in un difficile nuovo ambiente. Il vostro mondo è molto prezioso per gli altri. Lo dovrete proteggere. Dovrete preservare le sue risorse al fine di non necessitare e non dipendere dagli scambi con altre nazioni per le necessità fondamentali della vostra vita. Se non preservate le vostre risorse, dovrete cedere a terzi molta della vostra libertà ed autosufficienza.

La vostra spiritualità deve essere solida. Si deve basare su esperienza vera, perché valori e convinzioni, ritualità e tradizioni, vengono utilizzati dai vostri visitatori per i loro scopi.

Qua potete iniziare a vedere che i vostri visitatori sono molto vulnerabili in certe aree. Esploriamo meglio questo aspetto. Singolarmente posseggono poco ed hanno difficoltà a gestire le complessità. Non capiscono la vostra natura spirituale ed ancor più certamente non capiscono gli impulsi della Conoscenza. Più forti diventate con La Conoscenza, più inspiegabili diventate, più difficile diventa controllarvi e divenite meno utili ai loro scopi ed al loro programma di integrazione. Individualmente, più forti siete grazie alla Conoscenza, più diventate una grande sfida per loro. Più gli individui diventano forti con La Conoscenza, più diventa difficile, per i visitatori, isolarli.

I visitatori non hanno forza fisica. Il loro potere è nell'Ambiente Mentale e nell'utilizzo delle loro tecnologie. Sono pochi se confrontati a quanti siete voi. Dipendono totalmente dalla vostra acquiescenza e sono fin troppo certi del fatto che avranno successo. Sulla base delle loro esperienze ad oggi, l'umanità non ha posto una resistenza significativa. Tuttavia, più forti sarete con La Conoscenza, più diverrete una forza che si oppone all'intromissione ed alla manipolazione e più diverrete una forza di libertà e di integrità per la vostra razza. Anche se forse non molti saranno in grado di sentire il nostro messaggio, la vostra reazione è importante.

Forse è facile non credere nella nostra presenza e nella nostra realtà o reagire contro il nostro messaggio, ma noi parliamo in accordo con La Conoscenza, pertanto, ciò che stiamo dicendo può essere riconosciuto da voi interiormente, se siete liberi di riconoscerlo.

Ci rendiamo conto che stiamo sfidando molte convinzioni e molte convenzioni, nella nostra presentazione. Anche la nostra apparizione qua, a molti sembrerà inspiegabile e molti la rifiuteranno. Ma le nostre parole ed il nostro messaggio possono avere una risonanza dentro di voi perché noi parliamo attraverso La Conoscenza. Il potere della verità è la più grande forza nell'universo. Ha la forza di liberare. Ha la forza di illuminare ed ha il potere di dare forza e certezza a quelli che ne hanno bisogno.

Ci dicono che la vostra coscienza umana è tenuta altamente in considerazione da voi, ma forse non sempre seguita. È di questo che parliamo quando parliamo della Via della Conoscenza. È una cosa fondamentale a tutti i vostri impulsi spirituali. È già contenuta nelle vostre religioni. Non è una cosa che vi è nuova. Ma deve ricevere il giusto valore, altrimenti i nostri sforzi e gli sforzi degli Unseen Ones per preparare l'umanità per la Comunità Più Grande non avranno successo. Troppo pochi risponderanno e la verità per loro sarà un fardello, perché non riusciranno a condividerla con efficacia.

Non veniamo, dunque, per criticare le vostre istituzioni religiose o le vostre convenzioni, ma solo per illustrare come possono essere utilizzate contro di voi. Noi non siamo qua per sostituirle o per negarle, ma per mostrare come la vera integrità deve pervadere queste istituzioni e queste convenzioni affinché possano servirvi in modo genuino.

Nella Comunità Più Grande, la spiritualità è accorpata in quella che chiamiamo La Conoscenza, che significa l'intelligenza della Spirito ed il movimento dello Spirito dentro di voi. Questo vi potenzia, facendovi sapere anziché credere. Questo vi dà l'immunità dalla persuasione e dalla manipolazione, perché La Conoscenza non può essere manipolata da una potenza o forza terrena. Questo dà vita alle vostre religioni e speranza al vostro destino.

Noi sosteniamo queste idee, perché sono fondamentali. Mancano nell'ambito dei collettivi e se voi incontraste i collettivi, se vi trovaste in presenza loro e riusciste a mantenere il controllo della vostra mente, lo vedreste da soli.

Ci dicono che ci sono molte persone nel mondo che vorrebbero cedere se stesse, donare se stesse ad una forza superiore nella vita. Questo non è vero solo nel mondo dell'umanità, ma è un approccio che nella Comunità Più Grande conduce verso la schiavitù. Ci risulta che anche nel vostro mondo, prima che i visitatori arrivassero in simili grandi numeri, tale approccio, comunque, spesso conduceva alla schiavitù. Ma nella Comunità Più Grande, siete ancora più vulnerabili e dovete essere più saggi, più attenti e più autosufficienti. Scelleratezza qua porta con sé un pesante prezzo ed una grande sfortuna.

Se riuscite a rispondere alla Conoscenza ed a imparare La Via della Conoscenza della Comunità Più Grande, queste cose le potrete vedere da soli. Allora confermerete le nostre parole anziché limitarvi a crederle o negarle. Il Creatore sta rendendo possibile ciò, perché il Creatore vuole che l'umanità si prepari per il futuro. È per questo che siamo venuti. È per questo che vi stiamo guardando ed ora abbiamo l'opportunità di riportarvi quello che vediamo.

Le tradizioni religiose del mondo parlano in vostro favore, nei loro insegnamenti essenziali. Abbiamo avuto l'opportunità di conoscerle grazie agli Unseen Ones. Ma loro anche rappresentano una potenziale debolezza. Se l'umanità fosse più vigile e capisse le realtà della vita nella Comunità Più Grande, le realtà di una visitazione prematura, i rischi che correreste non sarebbero così grandi come lo sono ora. C'è speranza ed aspettativa che questa visitazione porti grandi ricompense e che per voi sia un adempimento. Non siete però riusciti ad imparare la realtà della Comunità Più Grande e delle potenti forze che stanno interagendo nel vostro mondo. La vostra mancanza di comprensione e la vostra prematura fiducia nei visitatori non giocano a vostro favore.

È per questo motivo che i Saggi nella Comunità Più Grande rimangono nascosti. Loro non cercano il commercio nella Comunità Più Grande. Loro non cercano di diventare parte di associazioni o cooperative di scambio. Loro non cercano la diplomazia con molti mondi. La loro rete di alleanze è molto misteriosa, di natura più spirituale. Loro capiscono i rischi e le difficoltà portate dall'esposizione alle realtà della vita nell'universo fisico. Loro mantengono il loro isolamento e rimangono vigili dei loro confini. Loro cercano solo di estendere la loro saggezza attraverso mezzi che sono di natura meno fisica.

Nel vostro mondo forse potete vedere un'espressione di ciò in quelli che sono i più saggi, i più capaci, che non cercano vantaggi personali attraverso mezzi commerciali e che non cedono alla conquista ed alla manipolazione. Il vostro mondo stesso vi dice così tanto. La vostra stessa storia vi dice così tanto e vi illustra, anche se in scala minore, tutto quello che vi stiamo presentando.

È dunque nostra intenzione non solo allarmarvi della gravità della vostra situazione ma anche darvi, se possiamo, una maggiore percezione e comprensione della vita, una cosa che vi servirà. Confidiamo che abbastanza di voi potranno sentire queste parole e reagire alla grandezza della Conoscenza. Speriamo che ci siano quelli che saranno in grado di riconoscere che i nostri messaggi non sono qua per evocare paura e panico ma per generare responsabilità ed impegno, volti alla difesa della libertà e del bene nel vostro mondo.

Se l'umanità dovesse fallire nell'opporsi all'Intromissione, possiamo dipingervi un quadro di quello che ciò significherebbe. Lo abbiamo visto altrove, perché ognuno di noi ci è andato molto vicino, nei nostri mondi. Se diventasse parte di un collettivo, le risorse del pianeta Terra sarebbero estratte, le sue genti sarebbero racchiuse in una recinzione di collaborazione ed i suoi ribelli e gli eretici sarebbero alienati o distrutti. Il mondo sarebbe preservato per la sua agricoltura e per le risorse minerarie. Le società umane esisterebbero, ma solo subordinate alle potenze da oltre il vostro mondo. Qualora il mondo esaurisse la sua utilità, qualora le sue risorse fossero tutte prelevate, verreste abbandonati, soli e privi di tutto. La vita del vostro mondo che vi permette di vivere vi sarebbe stata portata via; i vostri mezzi per la sopravvivenza vi sarebbero stati rubati. Questo è già successo in molti altri luoghi.

Nel caso di questo vostro mondo, i collettivi potrebbero scegliere di preservarlo per continuare ad utilizzarlo per la sua posizione strategica e per avere una rimessa per materiale biologico. La popolazione umana però soffrirebbe terribilmente sotto questo dominio oppressivo. La popolazione umana sarebbe ridotta. La gestione dell'umanità sarebbe data a quelli che sono stati allevati per condurre la razza umana in un nuovo ordine. La libertà umana per come la conoscete voi non esisterebbe più e soffrireste sotto il peso della dominazione straniera, una dominazione che sarebbe cruda e severa.

Ci sono molti collettivi nella Comunità Più Grande. Alcuni sono grandi; altri sono piccoli. Alcuni sono più etici nelle loro tattiche; molti non lo sono. In base al livello di competizione degli uni contro gli altri per opportunità come quella del governo del vostro mondo, attività di livello più o meno pericoloso potrebbero essere perpetrate. Dobbiamo darvi questo quadro affinché non abbiate dubbi su quello che stiamo dicendo. Le scelte che avete sono molto limitate ma molto fondamentali.

Dovete capire, allora, che dal punto di vista dei vostri visitatori siete tutti delle tribù che devono essere gestite e controllate al fine di servire i loro interessi. Per questo le vostre religioni ed un certo livello di realtà sociale saranno mantenuti, ma perderete moltissimo. Molto lo avrete perso prima di esservi resi conto di quello che vi è stato rubato. Possiamo, allora, solo perorare vigilanza, una responsabilità ed un impegno ad imparare—imparare riguardo alla vita nella Comunità Più Grande, imparare a preservare la vostra cultura e la vostra realtà nell'ambito di un ambiente più grande e imparare a vedere quelli che sono qua per servirvi e distinguerli da quelli che non lo sono. Questo maggiore livello di discernimento è così necessario nel mondo, anche per risolvere le vostre difficoltà domestiche. Ma per quanto riguarda la vostra sopravvivenza ed il vostro benessere nella Comunità Più Grande, è assolutamente fondamentale.

Vi raccomandiamo, così, di prendere a cuore la situazione. Abbiamo dell'altro da condividere con voi.

La soglia: una nuova promessa per l'umanità

Al fine di prepararsi per la presenza aliena nel mondo, è necessario imparare di più circa la vita nella Comunità Più Grande, una vita che cingerà il vostro mondo nel futuro, la vita della quale farete parte.

Il destino dell'umanità è sempre stato quello di emergere nella Comunità Più Grande di vita intelligente. Questo è inevitabile ed ha luogo in tutti i mondi dove la vita intelligente è stata seminata e si è sviluppata. In definitiva, vi sareste accorti da soli di vivere in una Comunità Più Grande. Prima o poi vi sareste anche accorti di non essere soli nel vostro stesso mondo, vi sareste accorti che delle visite stanno avendo luogo e che dovete imparare a trattare con razze, con forze, con fedi e attitudini di natura divergente dalla vostra, che sono prevalenti nella Comunità Più Grande in cui vivete.

Emergere nella Comunità Più Grande è il vostro destino. Il vostro isolamento adesso è finito. Anche se il vostro mondo fu visitato molte volte in passato, eravate comunque isolati ed ora il vostro isolamento è giunto al suo termine. Ora è necessario che vi rendiate conto di non essere più soli—soli nell'universo ed anche soli nel vostro mondo. Questa comprensione viene presentata in modo più esaustivo negli Insegnamenti Spirituali della Comunità Più Grande, che sono in procinto di essere presentati oggi nel mondo. Il nostro ruolo qui da voi è quello di descrivervi la vita che esiste nella Comunità Più Grande, affinché voi possiate avere una più profonda comprensione del più ampio panorama di vita nel quale state emergendo. Questo è necessario affinché siate in grado di avvicinarvi a questa realtà con maggiore oggettività, comprensione e saggezza. L'umanità è vissuta in relativo isolamento per così a lungo che per voi è naturale considerare che il resto dell'universo funzioni sulla base di quelle idee, quei princìpi e quelle scienze che ritenete così sacre e sulle quali basate le vostre attività e le vostre percezioni del mondo.

La Comunità Più Grande è vasta. I suoi angoli più remoti non sono mai stati esplorati. È più grande di quanto qualsiasi razza potrebbe concepire. Nell'ambito di questa magnifica creazione, la vita intelligente esiste a tutti i livelli evolutivi ed in innumerevoli espressioni. Il vostro mondo esiste in una parte della Comunità Più Grande che è abbastanza ben abitata. Ci sono molte aree della Comunità Più Grande che non sono mai state esplorate ed altre aree dove le razze vivono in segreto. Tutto esiste nella Comunità Più Grande, in termini di manifestazione di vita. Anche se la vita che abbiamo descritto sembra difficile e sfidante, Il Creatore lavora dappertutto, recuperando, attraverso La Conoscenza, quelli che sono separati.

Nella Comunità Più Grande, non ci può essere una singola religione, un'ideologia o una forma unica di governo che possa essere adattata a tutte le razze e tutte le genti. Pertanto, quando parliamo di religione, parliamo della spiritualità della Conoscenza, perché questa è la potenza e la presenza della Conoscenza che dimora all'interno di tutta la vita intelligente—dentro di voi, dentro i vostri visitatori e dentro altre razze che incontrerete in futuro.

Ne consegue che una spiritualità universale diventi un grande punto focale. Mette coesione nelle diverse concezioni ed idee che sono prevalenti nel vostro mondo e conferisce alla vostra realtà spirituale una fondazione comune. Tuttavia, lo studio della Conoscenza non è solo edificante, ma è essenziale per la vostra sopravvivenza e per il vostro avanzamento nella Comunità Più Grande. Per avere la capacità di stabilire e di sostenere la vostra libertà ed indipendenza nella Comunità Più Grande, dovete avere questa capacità superiore, deve essere sviluppata da abbastanza persone nel vostro mondo. La Conoscenza è l'unica parte di voi che non può essere manipolata o influenzata. È la fonte di tutta la comprensione e le azioni sagge. Diventa una necessità in un ambiente come la Comunità Più Grande, se si dà valore alla libertà e se si desidera stabilire il proprio destino senza venire integrati in un collettivo o in un'altra società.

Pertanto, mentre presentiamo una situazione grave nel mondo oggi, presentiamo anche un grande dono ed una grande speranza per l'umanità, perché il Creatore non vi lascerebbe impreparati per esordire nella Comunità Più Grande, che è la più grande di tutte le soglie che voi come razza mai affronterete.

Anche noi abbiamo ricevuto la benedizione di questo dono. Ne siamo stati in possesso da molti dei vostri secoli. Lo abbiamo dovuto imparare sia per scelta che per necessità.

È cosa certa che ci viene concesso di parlarvi in qualità di vostri Alleati solo grazie alla presenza ed alla potenza della Conoscenza, perciò ci viene concesso di darvi questi briefing. Se noi non avessimo mai trovato questa grande Rivelazione, saremmo isolati nei nostri mondi, incapaci di concepire le forze superiori che nell'universo modellano il nostro futuro ed il nostro destino. Perché il dono che oggi è dato al vostro mondo, è stato dato a noi ed a molte altre razze che si dimostravano anch'esse promettenti. Questo dono è di speciale importanza per le razze emergenti come la vostra, le razze che serbano tale speranza, ma allo stesso tempo sono così vulnerabili nella Comunità Più Grande.

Ne consegue che non ci può essere una singola religione o ideologia nell'universo, c'è un principio universale, una comprensione ed una realtà spirituale disponibili a tutti. È così completa che può parlare anche a quelli che sono così ampiamente diversi da voi. Parla alla diversità delle forme di vita in tutte le manifestazioni. Voi che vivete nel vostro mondo, ora avete l'opportunità di imparare tale grandiosa realtà, di provare per voi stessi l'esperienza della sua potenza e della sua grazia. Questo è veramente, in definitiva, il dono che desideriamo enfatizzare, perché questo preserverà la vostra libertà e la vostra autodeterminazione, aprendo la porta ad una speranza superiore nell'universo.

Tuttavia, voi avete delle avversità ed una grande sfida all'orizzonte. Questo richiede che voi impariate una più profonda Conoscenza ed una maggiore consapevolezza. Se voi risponderete a questa sfida, ne diventerete i beneficiari non solo per voi stessi ma per l'intera razza umana.

L'Insegnamento della Spiritualità nella Comunità Più Grande viene presentato oggi nel mondo. Non era mai stato presentato prima, in questo luogo. Viene dato attraverso una persona che ricopre il ruolo di intermediario e di speaker per questa Tradizione. Viene mandato nel mondo in questo momento critico quando l'umanità deve imparare riguardo alla propria vita nella Comunità Più Grande e riguardo alle forze superiori che stanno modellando il mondo oggi. Solo un insegnamento ed una comprensione da oltre il mondo vi poteva dare questo vantaggio e questa preparazione.

Non siete soli nell'intraprendere un simile enorme compito, ci sono altri nell'universo che lo stanno facendo, molti si trovano, peraltro, nello stesso livello di sviluppo in cui siete voi. Siete una delle tante razze che in questo momento stanno emergendo nella Comunità Più Grande. Ognuna è promettente però ognuna è vulnerabile alle difficoltà, alle sfide ed alle influenze che esistono in questo ambiente più esteso. Certamente, molte razze hanno perso la loro libertà ancora prima di ottenerla, per poi diventare parte di un collettivo o di un'associazione commerciale, oppure di uno stato clientelare di potenze più grandi.

Noi non vogliamo che questo succeda all'umanità, perché questa sarebbe una grande perdita. È per questo motivo che siamo qua. È per questo motivo che il Creatore oggi è attivo nel mondo, portando una nuova comprensione alla famiglia umana. È tempo che l'umanità termini i suoi interminabili conflitti contro se stessa e si prepari per la vita nella Comunità Più Grande.

Voi vivete in un'area dove c'è una grossa quantità di attività in corso, oltre la sfera del vostro sistema solare. In quest'area il commercio viene portato avanti lungo certe direttrici. Dei mondi interagiscono, competono ed alle volte entrano in conflitto tra loro. Opportunità vengono cercate da tutti quelli che hanno interessi commerciali. Non cercano solo risorse ma anche alleanze con mondi come il vostro. Alcuni fanno parte di collettivi più ampi. Altri mantengono le loro alleanze in scala più ridotta. I mondi che sono stati capaci di emergere con successo nella Comunità Più Grande, hanno dovuto impegnarsi molto per mantenere la propria autonomia e la propria autosufficienza. Questo li libera dall'esposizione ad altre potenze che cercherebbero solo di sfruttarli e manipolarli.

Le cose più essenziali per il vostro futuro benessere sono, veramente, la vostra autosufficienza, lo sviluppo della vostra comprensione e lo sviluppo della vostra unità. Questo futuro non è molto lontano, perché già adesso l'influenza dei visitatori sta aumentando nel vostro mondo. Molte persone si sono già sottomesse passivamente a loro ed ora servono come emissari ed intermediari. Molti altri individui semplicemente servono a loro come risorse per il loro programma genetico. Questo è avvenuto, come abbiamo già detto, molte volte in molti altri luoghi. Per noi non è un mistero, anche se per voi potrebbe sembrare incomprensibile.

L'Intromissione è sia una sfortuna che un'opportunità vitale. Se sarete in grado di reagire, se sarete in grado di prepararvi, se sarete in grado di imparare La Conoscenza e la Saggezza della Comunità Più Grande, allora potrete contrastare le forze che stanno interferendo con il vostro mondo e potrete costruire la fondazione per maggiore unità tra la vostra gente e le vostre tribù. Noi questo, naturalmente, lo incoraggiamo, perché questo rafforza il legame della Conoscenza dappertutto.

Nella Comunità Più Grande, guerre di grande scala scoppiano raramente. Ci sono forze che limitano certi fenomeni. Sicuramente la guerra disturba il commercio e lo sviluppo delle risorse. Ne consegue che le grandi nazioni non hanno il permesso di agire in modo scellerato, perché ciò impedisce o sbilancia gli obiettivi di altre fazioni, altre nazioni ed altri interessi. La guerra civile ha luogo occasionalmente nei mondi, ma grandi guerre tra società e tra mondi è veramente rara. In parte è per questo motivo che l'Ambiente Mentale è stato creato, perché le nazioni, di fatto, competono le une contro le altre e cercano di influenzarsi a vicenda. Visto che nessuno vuole distruggere risorse ed opportunità, queste capacità superiori furono coltivate, con vari livelli di successo, dalle numerose società della Comunità Più Grande. Quando sono presenti queste forme di influenza, la necessità di Conoscenza è ancora più grande.

L'umanità è preparata male per tutto questo. Tuttavia, per via del vostro ricco retaggio spirituale e del livello di libertà personale che esiste oggi nel vostro mondo, c'è la speranza che possiate emergere a questo strato di comprensione superiore ed assicurare la vostra libertà, riuscendo poi a preservarla.

Ci sono altri fattori che limitano la guerra nella Comunità Più Grande. La maggior parte delle società basate sullo scambio appartengono a grosse associazioni che hanno stabilito leggi e codici di condotta per i loro membri. Ciò ha lo scopo di limitare le attività di molti che cercherebbero di usare la forza per ottenere accesso ad altri mondi ed alle risorse di proprietà degli stessi. Perché possa scoppiare una grossa guerra, dovrebbero essere coinvolte molte razze e questo non succede spesso. Noi sappiamo che l'umanità è molto guerrafondaia e concepisce il concetto di competizione nella Comunità Più Grande in termini di guerra, ma in realtà scoprirete che ciò non è tollerato di buon grado e che altre vie di persuasione sono utilizzate al posto della forza.

Ne consegue che i vostri visitatori arrivano nel vostro mondo senza grandi armamenti. Non portano con sé grossi mezzi militari perché utilizzano le capacità che li hanno serviti in altri modi—capacità nella manipolazione dei pensieri, degli impulsi e dei sentimenti di quelli che essi incontrano. L'umanità è molto vulnerabile a tali persuasioni dato il livello di superstizione, conflitto e sfiducia che è prevalente nel vostro mondo oggi.

Ne consegue che per capire i vostri visitatori e per capire altri, che incontrerete in futuro, dovrete stabilire un approccio più maturo verso l'utilizzo del potere e dell'influenza. Questa è una parte vitale della vostra formazione nelle faccende della Comunità Più Grande. Una parte della preparazione per questo sarà presente nell'Insegnamento della Spiritualità nella Comunità Più Grande, ma dovrete anche imparare attraverso l'esperienza diretta.

Al momento, ci rendiamo conto che tra molta gente esiste una visione molto magnifica della Comunità Più Grande. È comune ritenere che quelli che sono tecnologicamente avanzati siano avanzati anche spiritualmente, ma vi assicuriamo che non è questo il caso. Pure voi stessi, anche se oggi siete molto più avanti tecnologicamente di quanto non lo eravate prima, non vi siete molto evoluti spiritualmente, rispetto ad allora. Avete più potere, ma con il potere giunge la necessità di maggiore contenimento.

Ci sono quelli che nella Comunità Più Grande hanno di gran lunga più potere di voi, a livello di tecnologia ed anche a livello di pensiero. Voi vi evolverete in modo da potervi confrontare con loro, ma gli armamenti non saranno il vostro focus perché la guerra su scala interplanetaria è talmente distruttiva che tutti perdono. Quali sono i premi di un simile conflitto? Quali vantaggi procurerebbe? Tant'è vero che quando vi è un simile conflitto, esso ha luogo nello spazio e raramente in ambienti terrestri. Le nazioni scellerate, quelle che sono distruttive ed aggressive sono velocemente contrastate, particolarmente se si trovano in zone ben popolate, dove ha luogo il commercio.

È dunque necessario che voi capiate la natura del conflitto nell'universo perché questo vi darà una visuale dei visitatori e dei loro bisogni—perché funzionano così, perché la libertà individuale è sconosciuta tra loro e perché si affidano ai collettivi. Questo dà loro stabilità e potere, ma anche li rende vulnerabili verso coloro che sono capaci di Conoscenza.

La Conoscenza vi consente di pensare in qualsiasi modalità, di agire spontaneamente, di percepire la realtà oltre l'ovvietà e di vivere e sentire l'esperienza del futuro e del passato. Queste abilità sono oltre la portata di coloro che sono solo capaci di seguire i regimi ed i dettami delle proprie culture. Voi, tecnologicamente, siete di gran lunga indietro in confronto ai vostri visitatori, ma avete la fondata speranza di sviluppare delle capacità ne La Via della Conoscenza, capacità delle quali avrete bisogno e alle quali dovrete imparare ad affidarvi sempre di più.

Noi non saremmo gli Alleati dell'Umanità se non vi insegnassimo le cose della vita nella Comunità Più Grande. Noi abbiamo visto molto. Ci siamo trovati di fronte a molte cose diverse. I nostri mondi furono sopraffatti e dovemmo riconquistare la nostra libertà. Noi sappiamo, dall'errore e dall'esperienza, qual è la natura del conflitto e la sfida che oggi affrontate. È per questo che siamo ben qualificati per questa missione di servizio nei vostri confronti. Tuttavia, non ci conoscerete e noi non verremo a conoscere i leader delle vostre nazioni. Non è quello il nostro scopo.

È un dato di fatto che voi abbiate bisogno del minimo possibile di interferenza, però avete bisogno di tanta assistenza. Ci sono nuove capacità che dovete sviluppare ed una nuova comprensione che dovete acquisire. Anche se una società benevola dovesse venire nel vostro mondo, questa avrebbe una tale influenza ed un tale impatto su di voi che diventereste dipendenti da essa e non consolidereste la vostra forza propria, la vostra potenza e la vostra autosufficienza. Dipendereste talmente tanto dalla loro tecnologia e dalla loro capacità di comprensione, che loro non vi potrebbero mai più abbandonare. La loro venuta vi renderebbe ancora più vulnerabili all'interferenza in futuro, perché bramereste la loro tecnologia ed iniziereste a frequentare le vie di scambio della Comunità Più Grande. Però non sareste preparati e non sareste saggi.

È per questo che i vostri futuri amici non sono qua. È per questo che non vengono ad aiutarvi. Non diventereste forti se lo facessero. Vi vorreste associare a loro, vorreste delle alleanze con loro, ma sareste così deboli che non sareste in grado di proteggere voi stessi. In essenza, diventereste parte della loro cultura, cosa che loro non vogliono.

Forse molta gente non sarà in grado di capire quello che stiamo dicendo, ma col tempo questo avrà un perfetto senso logico per voi, ne capirete la saggezza e la necessità. In questo momento siete troppo fragili, troppo distratti e troppo conflittuali per formare alleanze forti, anche con quelli che potrebbero essere i vostri futuri amici. L'umanità non è ancora capace di parlare con una sola voce, perciò siete proni ad essere invasi e manipolati da chi viene da oltre il vostro confine.

Quando la realtà della Comunità Più Grande diventerà più conosciuta nel vostro mondo ed il nostro messaggio sarà in grado di raggiungere abbastanza persone, allora ci sarà un crescente consenso sul fatto che c'è un problema più grosso che minaccia l'umanità. Questo potrebbe creare una nuova base per cooperazione e consenso perché quale possibile vantaggio potrebbe avere una nazione del vostro mondo sopra un'altra, quando l'intero mondo è minacciato dall'Intromissione? Chi allora potrebbe cercare di ottenere potere individuale in un ambiente dove le forze aliene stanno intervenendo? Se la libertà nel vostro mondo vuole essere vera, deve essere condivisa. Deve essere riconosciuta e conosciuta. Non può essere il privilegio di pochi, altrimenti non esisterebbe una forza vera.

Apprendiamo dagli Unseen Ones che ci sono già delle persone che aspirano al dominio del mondo perché credono di avere la benedizione ed il supporto dei visitatori. Hanno l'assicurazione dei visitatori che saranno assistiti nella loro lotta per il potere.

Ma invece, che cosa stanno dando via se non le chiavi della loro stessa libertà e della libertà del loro mondo? Sono ignoranti e non sono saggi. Non riescono a vedere il loro errore.

Sappiamo anche che ci sono quelli che credono che i visitatori siano qua per rappresentare una rinascita spirituale ed una nuova speranza per l'umanità, ma come fanno a saperlo, loro, se non sanno ancora nulla della Comunità Più Grande? Loro sperano e desiderano che questo si avveri e tali desideri sono assecondati dai visitatori per ragioni molto ovvie.

Quello che stiamo dicendo è che non ci può essere nulla di meno di una libertà vera nel mondo, vera forza e vera unità. Noi rendiamo il nostro messaggio disponibile a tutti e confidiamo che le nostre parole possano essere ricevute e prese in considerazione seriamente. Non abbiamo però alcun controllo sulle vostre reazioni. Le superstizioni e le paure del mondo rendono questo messaggio qualcosa fuori dalla portata di molti. Ma la promessa è sempre là. Per darvi di più dovremmo conquistare il vostro mondo, cosa che non vogliamo fare. Vi diamo, pertanto, tutto quello che possiamo dare senza interferire nelle vostre faccende. Eppure ci sono tanti che vogliono l'intromissione. Vogliono essere soccorsi o salvati da qualcun altro. Non hanno fede nelle forze e nelle capacità insite nell'umanità. Essi rinunceranno alla loro libertà volontariamente. Crederanno quello che gli dicono i visitatori. Serviranno i loro nuovi padroni pensando che quello che stanno ricevendo è la loro liberazione.

La libertà è una cosa preziosa nella Comunità Più Grande. Non dimenticatelo mai. La vostra libertà, la nostra libertà. Ma che cosa è la libertà se non la capacità di seguire La

Conoscenza, di seguire la realtà che il Creatore vi ha dato, di esprimere La Conoscenza e di contribuire alla Conoscenza in tutte le sue manifestazioni?

I vostri visitatori non hanno questa libertà. A loro è sconosciuta. Loro guardano il caos del vostro mondo e credono che l'ordine che imporranno vi redimerà e vi salverà dalla vostra autodistruzione. Questo è tutto quello che possono darvi, perché è tutto quello che hanno. Poi vi useranno, ma per loro non è scorretto farlo, perché loro stessi vengono usati e non conoscono alternative. La loro programmazione, il loro condizionamento, sono così completi che raggiungerli, a livello della loro più profonda spiritualità, è una possibilità remotissima. Non avete la forza di farlo. Dovreste essere tanto più forti di quanto siete adesso per avere un'influenza di redenzione sui vostri visitatori. Nonostante ciò, la loro conformità non è una cosa poco usuale nella Comunità Più Grande. È una cosa molto comune nei grandi collettivi, dove l'uniformità e la conformità sono essenziali per un funzionamento efficiente, particolarmente in vaste aree dello spazio.

Allora, non guardate con paura la Comunità Più Grande, ma con oggettività. Le condizioni che stiamo descrivendo già esistono nel vostro mondo. Sono cose che voi potete capire. La manipolazione la conoscete. L'influenza la conoscete. Semplicemente non le avete mai incontrate su una così ampia scala e non avete mai dovuto competere con altre forme di vita intelligente. Ne consegue che non avete le capacità per farlo.

Noi parliamo della Conoscenza perché è la vostra più grande capacità. A prescindere da quale tecnologia potrete sviluppare

nel corso degli anni, La Conoscenza è la vostra più grande speranza. Siete di gran lunga indietro nel vostro sviluppo tecnologico, in confronto ai vostri visitatori, perciò vi dovete affidare
alla Conoscenza. È la più grande forza nell'universo ed i vostri
visitatori non la utilizzano. È la vostra unica speranza. È per
questo che l'Insegnamento della Spiritualità nella Comunità Più
Grande insegna La Via della Conoscenza, conferisce i Passi verso
la Conoscenza ed insegna la Saggezza e l'Intuito Profondo della
Comunità Più Grande. Senza questa preparazione non avreste la
capacità e la visione atte a capire il vostro dilemma, o reagire ad
esso con efficacia. È troppo grande, troppo nuovo e voi non siete
abituati a queste nuove circostanze.

L'influenza dei visitatori cresce con il passare dei giorni. Ogni
persona che è in grado di udire ciò, di sentire ciò e di saperlo,
deve imparare La Via della Conoscenza, La Via della Conoscenza
della Comunità Più Grande. Questo è un appello. È un dono. È
una sfida.

In circostanze più piacevoli, certo, la necessità non sembrerebbe così grande. Ma la necessità è incredibile, perché non c'è
sicurezza, non c'è dove nascondersi, non c'è rifugio nel mondo
che sia sicuro dalla presenza aliena che è qua oggi. Per quello le
scelte sono solo due: potete sottomettervi passivamente o potete
lottare per la vostra libertà.

Questa è la grande decisione posta di fronte ad ogni persona.
Questa è la grande svolta. Non potete permettervi di essere sciocc-
chi nella Comunità Più Grande. È un ambiente troppo esigente.
Richiede eccellenza ed impegno. Il vostro mondo è troppo prezioso. Le sue risorse sono ambite da altri. La posizione strategica

del vostro mondo è altamente reputata. Ma anche se viveste in un mondo remoto, lontano da crocevia di scambio, lontano da impegni commerciali, prima o poi qualcuno vi scoprirebbe. Questa eventualità è ora arrivata, ed è di gran lunga in corso.

Fatevene una ragione, allora. Questo è il tempo per il coraggio, non per l'ambivalenza. La gravità della situazione che vi sta di fronte conferma solo l'importanza della vostra vita e della vostra reazione, l'importanza del tirocinio di preparazione che viene conferito oggi al mondo. Questo non è solo per edificarvi e svilupparvi. È anche per il fine della vostra protezione e della vostra sopravvivenza.

Domande & risposte*

Noi riteniamo che sia importante, date le informazioni che abbiamo fornito ad oggi, rispondere a domande che sicuramente emergono circa la nostra realtà ed il significato dei messaggi che siamo venuti a dare.

◆

"Data la mancanza di prove, perché la gente dovrebbe credere ciò che dite in merito all'Intromissione?"

Per prima cosa, ci deve essere ampia evidenza della visitazione aliena nel vostro mondo. Ci è stato detto che è così. Tuttavia ci è anche stato detto dagli Unseen Ones che la gente non sa come concepire tale evidenza e che ognuno le dà il proprio significato—un significato che essi preferiscono dargli, un significato che apporta prevalentemente conforto e riassicurazione. Noi siamo certi che ci sia adeguata evidenza. Siamo certi che dedicando il

---

* Queste domande sono state mandate alla New Knowledge Library da molti dei primi lettori del Materiale degli Alleati.

tempo necessario a ricercare ed investigare la questione, è possibile verificare che l'Intromissione sta, in effetti, avendo luogo nel mondo oggi. Il fatto che i vostri governi ed i vostri leader religiosi non vi rivelino queste cose non significa che un evento di simile rilevanza non stia avendo luogo in mezzo a voi.

◆

"Come può la gente sapere che siete veri?"

Per quanto riguarda la nostra realtà, noi non vi possiamo dimostrare la nostra presenza fisica, perciò sta in voi discernere il significato e l'importanza delle nostre parole. A questo punto, si va oltre una semplice questione di credere o non credere. Ci vuole un riconoscimento superiore, una Conoscenza, una risonanza. Noi crediamo nella verità delle parole che pronunciamo, ma ciò non può assicurare che esse saranno ricevute come tali. Noi non possiamo controllare le reazioni che il nostro messaggio susciterà. Ci sono persone che necessitano più evidenza di quella che può essere data. Per altri invece tale evidenza non sarà necessaria, perché essi sentono una conferma interiore.

Nel frattempo, forse noi rimaniamo come una specie di controversia, comunque speriamo e confidiamo che le nostre parole possano essere prese seriamente in considerazione e che l'evidenza che, in effetti, esiste, che è sostanziale, possa essere messa insieme e compresa da quelli che sono disponibili a dare il loro contributo ed il loro impegno nella vita. Dal nostro punto di vista, non esiste problema più grande, sfida ed opportunità più grande che sia più degna di ricevere la vostra attenzione.

Siete dunque all'inizio di un nuovo livello di comprensione. Questo richiede fede e fiducia in se stessi. Molti rifiuteranno le nostre parole semplicemente perché non crederanno che possiamo esistere. Altri forse crederanno che facciamo parte di un'attività di manipolazione che qualcuno sta calando sul mondo. Noi non possiamo controllare queste reazioni. Possiamo solo rivelare il nostro messaggio e la nostra presenza nella vostra vita, per quanto questa possa essere nascosta. Non è la nostra presenza che è importante ma il messaggio che siamo venuti a rivelare ed il punto di vista e la comprensione superiore che vi possiamo comunicare. La vostra formazione deve incominciare da qualche parte. Ogni formazione inizia con il desiderio di sapere.

Noi speriamo, attraverso i nostri trattati, di poter guadagnare almeno una parte della vostra fiducia, al fine di poter iniziare a rivelare quello che siamo qua per offrire.

◆

*"Che cosa avete da dire a quelli che vedono l'Intromissione
come una cosa positiva?"*

Noi capiamo, prima di tutto, l'aspettativa che porta a far rientrare nelle vostre concezioni spirituali tutte le forze provenienti dai cieli, a farle rientrare nelle vostre tradizioni ed nei vostri credo fondamentali. L'idea che ci sia una vita materiale nell'universo sfida tali supposizioni fondamentali. Dal nostro punto di vista, e data l'esperienza delle nostre culture, noi capiamo queste aspettative. Nel lontano passato le nutrivamo anche noi. Le abbiamo però dovute abbandonare nell'affrontare le realtà della Comunità Più Grande e nell'affrontare il vero significato delle visitazioni.

Voi vivete in un enorme universo fisico. È pieno di vita. Questa vita rappresenta innumerevoli manifestazioni ed anche rappresenta l'evoluzione dell'intelligenza e della consapevolezza spirituale ad ogni livello. Quello che ciò significa è che quello che incontrerete nella Comunità Più Grande include possibilità di ogni genere.

Tuttavia, voi siete isolati e non viaggiate ancora nello spazio. Anche se aveste la capacità di raggiungere un altro mondo, l'universo è vasto e nessuno ha acquisito la capacità di andare da un lato della galassia all'altro con alcun genere di velocità. Pertanto, l'universo fisico rimane una cosa enorme ed incomprensibile. Nessuno ha raggiunto totale maestria nelle sue leggi. Nessuno ha conquistato i suoi territori. Nessuno può dichiarare una completa dominanza o controllo. La vita, in questo senso, ha un grande effetto nel rendere umili. Questo è vero anche quando si va di molto oltre i vostri confini.

Dovete aspettarvi allora di incontrare intelligenze che rappresentano forze del bene, forze dell'ignoranza e forze che sono più neutre nei vostri confronti. Tuttavia, nelle realtà dei viaggi e delle esplorazioni della Comunità Più Grande, le razze emergenti come la vostra, nel loro primo contatto con la vita della Comunità Più Grande, incontreranno quasi senza eccezioni gli esploratori di risorse, i collettivi e quelli che cercano guadagni per se stessi.

In merito all'interpretazione positiva della visitazione, una parte di questa è l'aspettativa umana ed il desiderio naturale di vedere un lieto fine e di cercare aiuto dalla Comunità Più Grande per i problemi che l'umanità non è riuscita a risolvere da sola. È normale aspettarsi queste cose, specialmente quando sapete che i vostri visitatori hanno capacità superiori alle vostre. Tuttavia, gran parte del problema nell'interpretare la grande visitazione ha a che fare con la volontà e l'agenda dei visitatori stessi. Perché sono loro che incoraggiano la gente di ogni luogo a vedere la loro presenza qua come una cosa totalmente benefica per l'umanità e per le sue necessità.

◆

"Se questa Intromissione è da così tanto tempo in corso, perché non siete venuti prima?"

Tempo addietro, molti anni fa, diversi gruppi di vostri alleati vennero nel vostro mondo per cercare di dare un messaggio di speranza al fine di preparare l'umanità. Ma purtroppo i loro messaggi non furono capiti e furono utilizzati impropriamente da quei pochi che li ricevettero. Sulla scia della loro venuta, i visitatori dei collettivi si sono poi accumulati ed adunati qua. Noi sapevamo che questo sarebbe successo, perché il vostro mondo è troppo prezioso per essere ignorato e, come abbiamo detto, non è situato in un luogo distante e remoto dell'universo. Il vostro mondo è stato osservato da molto tempo da quelli che cercano di utilizzarlo a loro beneficio.

◆

"Perché i nostri alleati non possono fermare l'Intromissione?"

Noi siamo qua solo per osservare ed avvisare. Le grandi decisioni che l'umanità dovrà affrontare sono nelle mani vostre. Nessun altro può prendere queste decisioni in vece vostra. Anche i vostri grandissimi amici da ben oltre il mondo non interverrebbero, perché se lo facessero, questo provocherebbe una guerra ed il vostro mondo diventerebbe un campo di battaglia tra forze opposte. Se poi i vostri amici fossero vittoriosi, diventereste totalmente dipendenti da loro, incapaci di difendervi da soli o di mantenere la vostra sicurezza nell'universo. Noi non conosciamo alcuna razza benevola che vorrebbe accollarsi questo fardello e, in tutta verità, neanche per voi sarebbe un bene. Diventereste uno stato clientelare di un'altra potenza e dovreste essere governati a distanza. Questo non è in alcun modo salutare per voi. È per questo motivo che non viene fatto. I visitatori però si proporranno come salvatori e soccorritori dell'umanità. Useranno la vostra ingenuità. Capitalizzeranno sulle vostre aspettative e cercheranno totalmente di trarre beneficio dalla vostra fiducia.

Pertanto, è nostro sincero desiderio che le nostre parole possano fare da antidoto alla loro presenza, alla loro manipolazione ed al loro abuso, perché loro stanno violando i vostri diritti. Si stanno infiltrando nel vostro territorio. Stanno persuadendo i vostri governi e stanno dirottando le vostre ideologie ed i vostri impulsi.

Una voce di verità su questo ci deve essere e noi possiamo solo confidare che voi possiate ricevere questa voce di verità. Noi possiamo solo sperare che la persuasione non sia ancora andata troppo avanti.

◆

"Quali traguardi realistici dovremmo definire per noi stessi e qual è l'ultima parola in merito a salvare l'umanità dalla perdita della propria autodeterminazione?"

Il primo passo è consapevolezza. Molte persone devono diventare consapevoli che la Terra è visitata e che potenze straniere qua stanno operando in modo clandestino, cercando di nascondere la propria agenda ed i propri impegni dalla comprensione umana. Deve essere molto chiaro il fatto che la loro presenza qua è una grande sfida contro la libertà umana e contro l'autodeterminazione umana. La loro presenza, l'agenda che stanno mandando avanti ed il Programma di Pacificazione che stanno sponsorizzando devono essere contrastati con sobrietà e con saggezza. Questa opposizione deve avvenire. Ci sono molte persone nel mondo oggi che sono in grado di capire questo. Perciò il primo passo è consapevolezza.

Il prossimo passo è formazione. È necessario che molte persone in diverse culture ed in diverse nazioni imparino circa la vita nella Comunità Più Grande ed inizino a capire con che cosa avrete a che fare ed avete a che fare anche in questo momento.

Dei traguardi realistici, dunque, sono consapevolezza ed un percorso di formazione. Queste due cose da sole possono ostruire l'agenda dei visitatori nel mondo. Ora essi stanno operando con pochissima resistenza. Stanno incontrando pochissimi ostacoli. Tutti quelli che li vorrebbero considerare degli "alleati dell'umanità" devono imparare che non è così. Forse le nostre parole non saranno sufficienti, ma saranno sono un inizio.

◆

"Dove possiamo trovare questo percorso di formazione?"

Il percorso di formazione lo si può trovare nella Via della Conoscenza della Comunità Più Grande (The Greater Community Way of Knowledge), che viene presentata nel mondo in questo momento. Anche se si tratta di una nuova concezione di vita e di spiritualità nell'universo, è collegata con tutti i percorsi spirituali genuini che già esistono nel vostro mondo—i percorsi che danno valore alla libertà umana, alla cooperazione, alla pace e all'armonia nell'ambito della famiglia umana. Pertanto, l'insegnamento della Via della Conoscenza richiama tutte le grandi verità che già esistono nel vostro mondo e dà loro un più ampio contesto ed una più ampia arena di espressione. In questo modo, La Via della Conoscenza della Comunità Più Grande non sostituisce le religioni del mondo, ma fornisce un contesto più ampio nell'ambito del quale esse possono essere veramente significative e pertinenti ai vostri tempi.

◆

"Come facciamo a veicolare il vostro messaggio agli altri?"

In questo momento la verità dimora in ogni persona. Se riuscite a rivolgervi alla verità che sta dentro una persona, questa diventerà più forte ed inizierà ad avere risonanza. La nostra grande speranza, la grande speranza degli Unseen Ones, le forze spirituali al servizio del vostro mondo e la speranza di coloro che hanno a cuore il valore della libertà umana e desiderano che voi emergiate nella Comunità Più Grande nel successo della vostra realizzazione, si basano su questa verità che vive dentro ogni persona. Noi non possiamo forzare su nessuno questa consapevolezza. La possiamo solo rivelare e confidare nella grandezza della Conoscenza che il Creatore vi ha dato, che è ciò che può rendere voi ed altri capaci di reagire.

◆

"Dov'è la forza dell'umanità, la forza necessaria ad opporsi a questa Intromissione?"

Innanzitutto, noi sappiamo da quanto abbiamo osservato del vostro mondo e da ciò che ci hanno detto gli Unseen Ones in merito alle cose che noi non possiamo vedere, che anche se ci sono enormi problemi nel mondo, esiste nel mondo abbastanza libertà umana da darvi una fondazione per opporvi all'Intromissione. Questo è in contrasto con molti altri mondi dove la libertà individuale non fu mai stabilita dal principio. Quando questi mondi incontrano forze aliene tra di loro ed affrontano la realtà della vita nella Comunità Più Grande, la possibilità per loro di stabilire libertà ed indipendenza è molto limitata.

Pertanto, voi avete invece una grande forza nel fatto che la libertà umana è nota nel mondo ed il suo valore sta nel cuore di molti, anche se forse non tutti. Voi sapete che c'è qualcosa che potreste perdere. Voi date valore a ciò che già avete, qualsiasi sia la misura del suo consolidamento. Voi non volete essere governati da forze straniere. Voi non volete neanche essere governati brutalmente dalle autorità umane. Questo è dunque un buon inizio.

Poi, visto che il mondo ha delle ricche tradizioni spirituali che hanno nutrito La Conoscenza nell'individuo e nutrito la cooperazione e la comprensione reciproca nell'umanità, la realtà della Conoscenza è già stata stabilita. Di nuovo, in altri mondi dove La Conoscenza non fu mai stabilita, le possibilità per stabilirla in un momento di svolta come l'esordio nella Comunità Più Grande sono poche e pochissima è la speranza di successo. Qua da voi La Conoscenza è forte abbastanza in abbastanza persone che queste potrebbero essere in grado di imparare circa la realtà della vita nella Comunità Più Grande e capire che cosa sta succedendo in mezzo a loro in questo momento. È per questo motivo che siamo speranzosi, perché confidiamo nella saggezza umana. Noi confidiamo che la gente si possa elevare al di sopra dell'egoismo, della preoccupazione di se stessi e dell'autoprotezione, al fine di vedere la vita in modo più ampio e sentire una responsabilità più ampia nel servizio verso la propria specie.

Forse la nostra fiducia è infondata, ma confidiamo che gli Unseen Ones ci abbiano consigliato molto saggiamente in merito a tutto ciò. Ne consegue che ci siamo messi in pericolo, posizionandoci in prossimità del vostro mondo per testimoniare eventi oltre i vostri confini, eventi che hanno un impatto diretto sul vostro futuro e sul vostro destino.

L'umanità è molto promettente. Voi avete una crescente consapevolezza dei problemi nel mondo—la mancanza di cooperazione tra le nazioni, il degrado del vostro ambiente naturale, le vostre diminuenti risorse e via dicendo. Se non foste al corrente di questi problemi, se queste realtà vi fossero state nascoste a punto tale da non lasciarvi neanche una vaga idea della loro esistenza, allora non avremmo molta speranza. Tuttavia, rimane vero che l'umanità ha il potenziale ed è promettente nel poter contrastare qualsiasi intromissione nel mondo.

◆

"Può quest'Intromissione diventare un'invasione militare?"

Come abbiamo detto, il vostro mondo è troppo prezioso per invogliare un'invasione militare. Nessuno di quelli che visitano il vostro mondo vuole distruggere le sue infrastrutture o le sue risorse naturali. È per questo che i visitatori non cercano di distruggere l'umanità, ma vogliono invece ingaggiare l'umanità mettendola al servizio dei loro collettivi.

Non è l'invasione militare quello che vi minaccia. È il potere di istigazione e persuasione. Questo poggerà sulle vostre debolezze, sul vostro egoismo, sulla vostra ignoranza della vita nella Comunità Più Grande e sul vostro cieco ottimismo in merito al vostro futuro ed al significato della vita oltre i vostri confini.

Per contrastare ciò, noi portiamo istruzione e parliamo dei mezzi di preparazione che vengono in questo momento mandati nel mondo. Se voi non conosceste già la libertà umana, se non foste già al corrente dei problemi endemici del vostro mondo, allora non potremmo conferirvi questa preparazione e non avremmo la fiducia che le nostre parole possano risuonare con la verità che ognuno di voi conosce.

◆

"Siete capaci, voi, di influenzare le persone con la stessa potenza dei visitatori, ma per fin di bene?"

Non è la nostra intenzione quella di influenzare gli individui. La nostra intenzione è solo quella di presentare il problema e la realtà nella quale state emergendo. Gli Unseen Ones stanno provvedendo con i mezzi veri e propri per la preparazione, perché ciò proviene dal Creatore di tutta la vita. In questo, gli Unseen Ones influenzano gli individui per il bene. Ci sono però dei limiti. Come abbiamo detto, è la vostra autodeterminazione che deve essere rafforzata. È la vostra forza che deve essere accresciuta. È la vostra cooperazione, la cooperazione della famiglia umana che deve essere supportata.

Ci sono dei limiti in quanto aiuto noi possiamo portare. Noi non camminiamo tra di voi, pertanto, una comprensione ad ampio raggio della vostra realtà deve essere condivisa da persona a persona. Non può essere forzata su di voi da una forza straniera, anche se fosse per il vostro bene. Se sponsorizzassimo un simile programma di persuasione non staremmo supportando la vostra libertà e la vostra autodeterminazione. Non potete essere come dei bambini in questo caso. Dovete diventare maturi e responsabili. È la vostra libertà che è a rischio. È il vostro mondo che è a rischio. È la vostra cooperazione gli uni con gli altri che è necessaria.

Ora avete una grande causa per la quale unire la vostra razza, perché nessuno di voi avrà benefici senza gli altri. Nessuna nazione avrà benefici se cadrà sotto il controllo alieno. La libertà umana deve essere completa. La cooperazione deve avere luogo in tutto il vostro mondo perché siete tutti nella stessa situazione adesso. I visitatori non preferiscono un gruppo anziché un altro, una razza anziché un'altra o una nazione anziché un'altra. Loro cercano solo la direttrice che oppone minor resistenza per poter stabilire la loro presenza e la dominazione del vostro mondo.

◆

"Quanto è esteso il loro livello di infiltrazione nell'umanità?"

I visitatori hanno una presenza significativa nella maggior parte delle nazioni evolute del vostro mondo, in particolare in Europa, Russia, Giappone e Stati Uniti. Queste sono viste come le nazioni più forti, quelle con maggiore potere ed influenza. È

là dove i visitatori si concentreranno. Tuttavia, loro stanno pre-
levando persone da tutto il mondo e stanno applicando il loro
Programma di Pacificazione con tutti quelli che catturano, con
successo nei casi dove tali individui sono soggetti alla loro influenza. Pertanto, la presenza dei visitatori è mondiale, ma si
stanno concentrando con quelli che sperano possano diventare
i loro alleati. Queste sono le nazioni ed i governi ed i leader religiosi che hanno maggiore potere e che possono direzionare i
pensieri e le convinzioni degli esseri umani.

◆

"Quanto tempo abbiamo?"

Quanto tempo avete? Del tempo ce l'avete, quanto, non vi
sappiamo dire. Ma veniamo con un messaggio urgente. Questo
non è un problema che si può semplicemente evitare o negare.
Dal nostro punto di vista, è la sfida più importante per l'umanità.
È oggetto di massima preoccupazione, di massima priorità. Siete
in ritardo con la vostra preparazione. Questo fu provocato da
molti fattori che sono al di là del nostro controllo. Ma del tempo
c'è, se saprete reagire. Il risultato è incerto ma c'è ancora speranza per il vostro successo.

◆

"Come ci possiamo concentrare su quest'Intromissione vista l'immensità di altri problemi che stanno avendo luogo proprio adesso?"

Innanzitutto, noi riteniamo che non ci siano nel mondo problemi importanti quanto questo. Dal nostro punto di vista, qualsiasi cosa che sarete in grado di risolvere nel vostro mondo avrà poco significato in futuro se la vostra libertà sarà stata persa. Che cosa potreste sperare di ottenere? Che cosa potreste sperare di conseguire od assicurare se non sarete liberi nella Comunità Più Grande? Tutti i vostri conseguimenti gioverebbero ai vostri nuovi governatori; tutta la vostra ricchezza sarebbe conferita su di loro ed anche se i vostri visitatori non sono crudeli, essi sono completamente votati alla propria agenda. Voi siete considerati solo nella misura in cui potete essere utili alla loro causa. È per questo motivo che noi riteniamo che non ci siano altri problemi importanti come questo per l'umanità.

◆

"Chi ha qualche probabilità di reagire a questa situazione?"

In merito a chi può reagire, ci sono molte persone nel mondo oggi che posseggono una conoscenza insita della Comunità Più Grande e che sono sensibili ad essa. Ci sono molti altri che sono stati prelevati dai visitatori ma non hanno ceduto a loro o alla loro persuasione e ci sono molti altri che sono preoccupati del futuro del mondo e che sono in allerta circa i pericoli che l'umanità ha di fronte a sé. Le persone in tutte o in una qualsiasi di queste categorie possono essere tra i primi a reagire alla realtà della Comunità Più Grande ed alla preparazione per la Comunità Più Grande. Possono provenire da qualsiasi ambiente e livello sociale, da qualsiasi nazione, da qualsiasi religione o gruppo economico. Essi sono letteralmente in tutto il mondo. È su di loro e sulla loro reazione che confidano le grandi Forze Spirituali che proteggono e sovrintendono il benessere umano.

◆

"Avete menzionato che individui vengono prelevati in tutto il mondo. Come possono le persone proteggere se stesse e gli altri dalle adduzioni?"

Più riuscite a diventare forti con La Conoscenza e consapevoli della presenza dei visitatori, meno desiderabili sarete come soggetti per i loro studi e per la manipolazione. Più utilizzate i vostri incontri con loro per avere un'idea *di loro*, più diventate un pericolo per loro. Come abbiamo detto, essi cercano il percorso che presenta minore resistenza. Loro vogliono gli individui conformi e cedevoli. Loro vogliono quelli che gli causano meno problemi e meno preoccupazioni.

Però se diventerete forti di Conoscenza, sarete al di là del loro controllo perché loro non saranno in grado di catturare la vostra mente ed il vostro cuore. Col tempo acquisirete la potenza di percezione per vedere dentro le loro menti, cosa che loro non gradiscono. Diventerete un pericolo per loro, una sfida e vi eviteranno se potranno.

I visitatori non vogliono che nessuno riveli la loro presenza. Sono eccessivamente sicuri che riusciranno a raggiungere i loro traguardi senza un livello serio di resistenza da parte della famiglia umana. Ma una volta che verrà messa in piedi una resistenza, una volta che la potenza della Conoscenza si sarà risvegliata nell'individuo, allora loro saranno di fronte ad un ostacolo più formidabile. La loro intromissione sarà spiazzata, sarà più difficile da attuare e la persuasione di quelli in posizioni di potere diventerà più difficile da realizzare. Sono dunque essenziali la reazione e l'impegno degli individui, nei confronti della verità.

Divenite consapevoli della presenza dei visitatori. Non cedete alla persuasione che la loro presenza qua sia di natura spirituale e che porti con sé un grande beneficio o la salvezza dell'umanità. Resistete alla persuasione. Riconquistate la vostra autorità interiore, il grande dono che il Creatore vi ha dato. Divenite una forza che deve essere riconosciuta e rispettata da quelli che usurpano o negano i vostri diritti fondamentali.

Questo significa l'espressione della vostra Potenza Spirituale. È la Volontà del Creatore che l'umanità possa emergere nella Comunità Più Grande, unita in se stessa e libera dall'intromissione e dalla dominazione straniera. È la Volontà del Creatore che vi prepariate per un futuro che non sarà come il vostro passato. Noi siamo qua in servizio al Creatore, perciò la nostra presenza e le nostre parole servono questo fine.

◆

"Se i visitatori trovassero resistenza da parte dell'umanità o da parte di certi individui, tornerebbero in maggior numero o si ritirerebbero?"

Il loro numero non è grande. Se dovessero trovare considerevole resistenza, dovrebbero ritirarsi e stilare nuovi piani. Loro sono completamente fiduciosi che la loro missione si possa compiere senza ostacoli seri. Ma se ostacoli seri dovessero materializzarsi, allora la loro intromissione e la loro persuasione sarebbero dirottate e loro dovrebbero trovare altri modi per ottenere un contatto con l'umanità.

Noi confidiamo che l'umanità possa generare abbastanza resistenza ed abbastanza consenso da poter contrastare queste influenze. È su questo che dobbiamo basare la nostra speranza ed i nostri sforzi.

◆

"Quali sono le domande più importanti che ci dobbiamo porre in merito al problema dell'infiltrazione aliena?"

Probabilmente le domande cruciali che dovreste porvi sono, "Siamo noi umani soli nell'universo o nel nostro mondo? C'è qualcuno che ci sta visitando in questo momento? Queste visite sono vantaggiose per noi? Abbiamo bisogno di prepararci?"

Queste sono domande molto basilari, ma bisogna porsele. Ci sono molte domande, tuttavia, che non hanno una risposta, perché voi non sapete abbastanza circa la vita nella Comunità Più Grande e non avete ancora la certezza di avere la capacità di contrastare queste influenze. Ci sono molte lacune nella vostra istruzione, che è una istruzione centrata prevalentemente sul passato. L'umanità sta emergendo da un lungo stato di relativo isolamento. Nell'istruzione, i suoi valori e le sue istituzioni furono tutti stabiliti nell'ambito di questo stato di isolamento. Questo isolamento, però, adesso è finito, finito per sempre. Si è sempre saputo che questo sarebbe successo, pertanto, la vostra istruzione ed i vostri valori stanno entrando in un nuovo contesto, un contesto al quale si devono adattare e l'adattamento deve avvenire velocemente per via della natura dell'Intromissione nel mondo oggi.

Ci saranno molte domande alle quali non riuscirete a rispondere. Dovrete vivere accettando questo fatto. La vostra formazione circa la Comunità Più Grande è solo al primissimo inizio. La dovete approcciare con grande sobrietà e cura. Dovete contrastare le vostre stesse tendenze a voler rendere piacevole o rassicurante una situazione. Dovete sviluppare oggettività sulla vita e dovete guardare oltre la vostra sfera personale di interessi al fine di mettervi nella posizione di rispondere alle forze più grandi ed agli eventi che stanno modellando il vostro mondo ed il vostro futuro.

◆

"Cosa se non c'è abbastanza gente capace di reagire?"

Noi siamo fiduciosi che abbastanza gente è di fatto capace di reagire ed iniziare la loro grande formazione sulla vita nella Comunità Più Grande, al fine di dare una promessa ed una speranza alla famiglia umana. Se questo non lo si potesse conseguire, allora quelli che danno un valore alla propria libertà e che questa formazione ce l'hanno, si dovranno ritirare. Dovranno mantenere la Conoscenza viva nel mondo mentre il mondo cade sotto il totale controllo alieno. Questa è un'alternativa molto grave ma è già avvenuta in altri mondi. Il viaggio verso la libertà, da una simile posizione, è piuttosto difficile. Noi speriamo che questa non sia la vostra sorte ed è per questo che siamo qua a darvi queste informazioni. Come abbiamo detto, ci sono abbastanza persone nel mondo che sono in grado di reagire per contrastare le intenzioni dei visitatori e bloccare la loro influenza nelle faccende umane e nei valori umani.

◆

"Voi parlate di altri mondi che stanno emergendo nella
Comunità Più Grande. Ci potete raccontare di eventuali
successi e fallimenti che possono avere un significato,
relativamente alla situazione nostra?"

Ci sono stati dei successi altrimenti non saremmo qua. Nel mio caso, in qualità di speaker per il nostro gruppo, in nostro mondo era già stato pesantemente infiltrato prima che ci accorgemmo della situazione in corso. La nostra formazione fu agevolata dall'arrivo di un gruppo come il nostro di ora, che ci fornì idee ed informazioni circa la nostra situazione. Noi avevamo commercianti di risorse, alieni, che interagivano nel nostro mondo con il nostro governo. Quelli che ai tempi si trovavano al potere furono persuasi che lo scambio ed il commercio sarebbero un beneficio per noi, perché incominciavamo a risentire di una diminuzione delle risorse. Anche se la nostra razza era unita, diversamente dalla vostra, iniziammo ad essere totalmente dipendenti dalla nuova tecnologia e dalle opportunità che ci venivano presentate. Così, mentre succedeva questo, ci fu uno spostamento del centro di potere. Noi stavamo assumendo la posizione clientelare. I visitatori diventavano quelli che provvedono. Con il passare del tempo, regole e restrizioni furono imposte su di noi, inizialmente in maniera sottile.

Il nostro focus religioso ed i nostri credo furono anch'essi influenzati dai visitatori, che mostravano interesse nei nostri valori spirituali ma ci volevano dare una nuova concezione, una concezione basata sul collettivo, basata sulla cooperazione di menti che pensano allo stesso modo, in unisono tra loro. Questo fu presentato alla nostra razza come un'espressione di spiritualità e di conseguimento. Alcuni rimasero persuasi, ma grazie al fatto che eravamo ben consigliati dai nostri alleati da oltre i confini del nostro mondo, alleati come siamo noi, iniziammo a creare un movimento di resistenza e nel tempo riuscimmo a costringere i visitatori ad abbandonare il nostro mondo.

Da allora, abbiamo imparato molto sulla realtà della Comunità Più Grande. Gli scambi che effettuiamo sono molto selettivi, li facciamo con poche altre nazioni. Siamo riusciti ad evitare i collettivi e ciò ha preservato la nostra libertà. Il nostro successo però è stato difficile da raggiungere, molti di noi dovettero morire di fronte a questo conflitto. La nostra è una storia di successo, ma non priva di costi. Ci sono altri, nel nostro gruppo, che hanno vissuto simili difficoltà nelle loro interazioni con potenze della Comunità Più Grande che intervenivano presso di loro. Alla fine, avendo imparato a viaggiare oltre i nostri confini, riuscimmo a creare delle alleanze gli uni con gli altri. Riuscimmo ad imparare il significato di spiritualità nella Comunità Più Grande e gli Unseen Ones, che sono anche a servizio del nostro mondo, ci hanno aiutato in tal senso, al fine di compiere la grande transizione dall'isolamento alla consapevolezza della Comunità Più Grande.

Ci sono stati però molti fallimenti dei quali noi siamo al corrente. Culture dove le genti indigene non avevano stabilito la libertà personale e non avevano assaporato i frutti della cooperazione. Anche se erano evoluti tecnologicamente, non avevano una fondazione per stabilire la propria indipendenza nell'universo. La loro capacità di resistere ai collettivi era molto limitata. Indotti da promesse di maggiore potere, tecnologia superiore, maggiore ricchezza e gli apparenti benefici dello scambio commerciale nella Comunità Più Grande, il loro centro di potere abbandonò il loro mondo. Alla fine diventarono completamente dipendenti da coloro che provvedevano a rifornirli e che avevano preso il controllo delle loro risorse e delle loro infrastrutture.

Potete sicuramente immaginare come ciò può avvenire. Anche nel vostro mondo sulla base della vostra storia, avete visto nazioni più piccole soccombere alle dominazioni di quelle più grandi. Questo lo potete vedere anche oggi, perciò queste idee non vi sono del tutto estranee. Nella Comunità Più Grande, così come nel vostro mondo, i forti dominano i deboli, se ci riescono. Questa è una realtà della vita dappertutto e per questo motivo stiamo incoraggiando la vostra presa di coscienza e la vostra preparazione, affinché possiate diventare forti e la vostra autodeterminazione possa crescere.

Per molti potrà essere una grave delusione, capire ed imparare che la libertà è rara nell'universo. Quando le nazioni diventano più forti e più tecnologiche, esse necessitano una sempre maggiore uniformità e conformità tra la loro gente. Quando si collegano con la Comunità Più Grande e diventano coinvolte nelle faccende della Comunità Più Grande, la tolleranza verso l'espressione individuale diminuisce a punto tale che le grandi nazioni che hanno ricchezza e potere sono governate con una rigidità e con un atteggiamento talmente inflessibile che voi trovereste assolutamente aborrente.

Qui dovete imparare che l'avanzamento tecnologico e l'avanzamento spirituale non sono la stessa cosa, una lezione che l'umanità deve ancora imparare e che *deve* imparare se vuole esercitare la propria naturale saggezza in tali questioni. Il vostro mondo è considerato enormemente prezioso. È ricco biologicamente. Voi siete seduti su un bottino che dovete proteggere se volete essere i suoi amministratori ed i suoi beneficiari. Considerate le genti del vostro mondo che hanno perso la loro libertà perché vivevano in un luogo considerato prezioso da altri. Ora è l'intera famiglia umana ad essere in un simile pericolo.

◆

"Visto che i visitatori sono così esperti nel proiettare pensieri ed influenzare l'Ambiente mentale della gente, come possiamo noi assicurarci che ciò che vediamo sia realtà?"

L'unica vera base per una saggia percezione è La Conoscenza. Se voi credete solo in ciò che vedete, allora crederete solo in ciò che vi sarà mostrato. Ci sono molti, ci dicono, che hanno questo punto di vista. Noi però abbiamo imparato che i Saggi di ogni luogo devono ottenere una visuale superiore ed un discernimento superiore. È vero che i vostri visitatori sono in grado di proiettare immagini dei vostri santi e delle vostre figure religiose, ma non è una pratica usata spesso. Certo, può essere utilizzata al fine di evocare impegno e dedizione tra quelli che sono già votati a tali credenze. In questo la vostra spiritualità diventa un'area di vulnerabilità dove la saggezza deve essere utilizzata.

Il creatore, allora, vi ha dato La Conoscenza quale fondazione per il vero discernimento. Voi potete conoscere ciò che state vedendo se vi chiedete se è reale. Però per fare questo dovete avere questa fondazione ed è per questo che l'insegnamento nella Via della Conoscenza è così fondamentale nell'apprendimento della Spiritualità nella Comunità Più Grande. Senza questo, la gente crederà quello che vorrà credere e si baserà su ciò che vede e ciò che le viene mostrato. Così il loro potenziale per la libertà sarà perso, perché non avrà mai avuto la possibilità di fiorire.

◆

"Voi parlate di mantenere viva La Conoscenza. Quante persone serviranno per mantenere viva La Conoscenza nel mondo?"

Non vi possiamo dare un numero, ma deve essere una presenza forte abbastanza da generare una voce nell'ambito delle vostre culture. Se questo messaggio può essere solo ricevuto da pochi, essi non avranno questo genere di voce e questa forza. Questa è una questione dove la gente deve condividere la propria saggezza. Non può limitarsi ad una forma di pura auto edificazione. Molti di più devono apprendere questo messaggio, molti di più di quelli che lo possono ricevere oggi.

◆

"C'è del pericolo nel presentare questo messaggio?"

C'è sempre pericolo nel presentare la verità, non solo nel vostro mondo, ma anche altrove. La gente trae vantaggi propri dalle circostanze, per come esse esistono in quel momento. I visitatori offriranno vantaggi a quelli che sono al potere, quelli che li possono ricevere e che non sono forti di Conoscenza. La gente si abitua a questi vantaggi e costruisce la propria vita sulla base di essi. Questo li rende resistenti ed anche ostili nei confronti della presentazione della verità, perché si appella al loro senso di responsabilità verso il servizio al prossimo, cosa che potrebbe minacciare la base della loro ricchezza e dei loro conseguimenti.

È per questo che noi restiamo nascosti e non camminiamo nel vostro mondo. I visitatori ci distruggerebbero sicuramente se ci trovassero. Anche l'umanità, però, potrebbe cercare di distruggerci per via di quello che noi rappresentiamo, per via della sfida che rappresentiamo e della realtà che dimostriamo. Non tutti sono pronti a ricevere la verità, anche se è fortemente necessaria.

◆

"Possono gli individui forti di Conoscenza influenzare i visitatori?"

Le probabilità di successo sono molto limitate. Avete a che fare con un collettivo di esseri che sono stati allevati per essere conformi, la cui vita ed esperienza sono state cinte e generate da una mentalità collettiva. Loro non pensano da soli. Per questo motivo non riteniamo che sareste in grado di influenzarli. Ci sono pochi nell'ambito della famiglia umana che hanno la forza di fare questo, ed anche qua le possibilità di successo sarebbero molto limitate. Allora la risposta deve essere "No". Non è praticamente possibile che li riusciate ad influenzare.

◆

"In che modo i collettivi sono diversi da un'umanità unita?"

I collettivi sono costituiti da diverse razze e da quelli che sono generati ed allevati per servire tali razze. Molti degli esseri che si incontrano nel mondo sono allevati dai collettivi con il fine di essere i loro servi. Il loro retaggio genetico lo hanno perso da tempo. Sono generati ed allevati per servire, così come fate voi con gli animali che vi servono. La cooperazione umana che noi incoraggiamo è una cooperazione che preserva l'autodeterminazione degli individui e dà una posizione di forza dalla quale l'umanità può interagire, non solo con i collettivi ma con altri che visiteranno i vostri scali in futuro.

Un collettivo si basa solo su un singolo credo, un unico insieme di principi ed un'unica autorità. La sua enfasi è la totale fedeltà verso un'idea ed un ideale. Questo non solo viene inculcato dall'istruzione dei vostri visitatori, ma è anche insito nel loro codice genetico. È per quello che si comportano in tali modi. Questa è sia la loro forza che la loro debolezza. Loro hanno molta forza nell'Ambiente Mentale perché le loro menti sono unite, ma sono deboli perché non sono capaci di pensare da soli. Non sono capaci di gestire con successo le complessità e le avversità. Un uomo o una donna di Conoscenza sarebbero per loro incomprensibili.

L'umanità si deve unire per preservare la propria libertà ma questa unione è un'istituzione molto diversa da quella che sarebbe la creazione di un collettivo. Noi li chiamiamo "collettivi" perché sono delle collettività di diverse razze e nazionalità. I collettivi non sono una razza sola. Anche se nella Comunità Più Grande ci sono molte razze che sono governate da un'autorità dominante, un collettivo è un'organizzazione il quale raggio va oltre la fedeltà di una razza verso il proprio mondo.

I collettivi possono avere un grande potere. Tuttavia, essendoci molti collettivi, essi tendono a competere a vicenda e questo evita che uno di loro possa diventare quello dominante. Anche le varie nazioni nella Comunità Più Grande hanno dispute di lunga durata tra di loro, dispute difficili da risolvere. Forse perché per lungo tempo sono state in competizione per le stesse risorse. Forse competono per vendere le stesse risorse. Un collettivo però è una questione diversa. Come dicevamo, non si basano su una singola razza o un singolo mondo. Loro sono il risultato di conquista e dominazione. È per questo che i vostri visitatori comprendono diverse razze di esseri a diversi livelli di autorità e di comando.

◆

"Gli altri mondi che si sono unificati con successo, sono riusciti a mantenere la loro libertà di pensiero individuale?"

A vari livelli. Alcuni a livello molto alto, altri meno, dipendentemente dalla loro storia, la loro conformazione psicologica e le loro necessità per la sopravvivenza. La vostra vita nel mondo è stata relativamente facile se confrontata a luoghi dove altre razze si sono sviluppate. La maggior parte dei luoghi dove esiste vita intelligente sono stati colonizzati, perché non ci sono molti pianeti, di tipologia terrestre come il vostro, che forniscono una tale ricchezza di risorse biologiche. La loro libertà, in parte, è dipesa dalla ricchezza dei loro ambienti. Comunque hanno avuto successo nel fermare l'infiltrazione aliena ed hanno stabilito le loro direttrici di scambi, di commercio e di comunicazioni, grazie alla loro autodeterminazione. Questo è un conseguimento raro e deve essere guadagnato e protetto.

◆

"Che cosa sarà necessario al fine di poter raggiungere l'unità umana?"

L'umanità è molto vulnerabile nella Comunità Più Grande. Questa vulnerabilità, nel tempo, può nutrire una cooperazione di base nell'ambito della famiglia umana, perché vi dovrete unire al fine di sopravvivere ed avanzare. Questo fa parte del bagaglio di consapevolezza della Comunità Più Grande. Se tutto questo si baserà sui principi di contribuzione umana, libertà ed espressione individuale, allora la vostra autosufficienza potrà diventare molto forte e molto ricca. Però nel mondo ci deve essere una cooperazione più grande di quella attuale. Le persone non possono vivere solo per se stesse o mettere i loro traguardi personali al di sopra ed oltre alle necessità degli altri. Alcuni potrebbero vedere questa come una perdita di libertà. Noi la vediamo come una garanzia per la libertà futura. Perché, visti gli atteggiamenti prevalenti nel mondo oggi, la vostra libertà futura appare molto difficile da assicurare e mantenere. Badate, quelli che sono guidati dal loro egoismo sono i perfetti candidati per l'influenza e manipolazione straniera. Se sono in posizioni di potere, cederanno la ricchezza della loro nazione, la libertà della loro nazione e le risorse della loro nazione al fine di avere un vantaggio per se stessi.

Maggiore cooperazione è dunque necessaria. Sicuramente ve ne rendete conto. Sicuramente ciò è evidente anche nel vostro mondo. Ma questa è una cosa ben diversa dalla vita in un collettivo, dove le razze sono state dominate e controllate, dove quelli che sono conformi sono portati dentro i collettivi e quelli che non lo sono vengono alienati e distrutti. Sicuramente un simile complesso, anche se potrà avere un considerevole ascendente, non può essere benefico per i suoi membri. Nonostante ciò, questo è il percorso che molti nella Comunità Più Grande hanno intrapreso. Noi non desideriamo vedere l'umanità cadere in una simile organizzazione. Sarebbe un'enorme tragedia ed una perdita.

◆

"In che modo è il punto di vista umano diverso dal vostro?"

Una delle differenze è che noi abbiamo sviluppato un punto di vista di Comunità Più Grande, che è un modo di guardare il mondo meno centrato su se stessi. È un punto di vista che dà chiarezza e grande certezza in merito ai problemi più piccoli che si affrontano nelle faccende quotidiane. Se siete in grado di risolvere un problema grande, siete in grado di risolvere quelli minori. Voi avete

un grande problema. Ogni essere umano nel mondo è di fronte a questo grande problema. Vi può unire ed abilitare nel superare le vostre differenze ed i vostri conflitti di vecchia data. È così grande e potente. È per questo che diciamo che c'è una possibilità di redenzione in ogni circostanza che minaccia il vostro futuro benessere.

Noi sappiamo che la forza della Conoscenza nell'individuo è capace di ripristinare l'individuo stesso e tutte le sue relazioni ad un livello superiore di conseguimento, di riconoscimento e di capacità. Questo lo dovete scoprire da soli.

Le nostre vite sono molto diverse. Una delle differenze è che le nostre vite sono votate al servizio, un servizio che abbiamo scelto noi. Noi siamo liberi di scegliere perciò la nostra scelta è vera e significativa ed è basata sulla nostra personale comprensione. Nel nostro gruppo ci sono rappresentanti provenienti da diversi mondi. Ci siamo uniti per servire l'umanità. Noi rappresentiamo un'alleanza superiore che è di natura spirituale.

◆

"Questo messaggio ci sta arrivando per mezzo di un uomo.
Perché non state contattando tutti se è così importante?"

È semplicemente una questione di efficienza. Noi non controlliamo chi è scelto per riceverci. Questa è una faccenda per gli Unseen Ones, quelli che potreste giustamente chiamare "Angeli". Noi li vediamo così. Loro hanno selezionato questa persona, una persona che non ha una posizione nel mondo, che non è riconosciuta nel mondo, un individuo che è stato scelto per le sue qualità e per il suo retaggio nella Comunità Più Grande. Noi siamo felici di avere uno attraverso il quale possiamo parlare. Se parlassimo per mezzo di altri, loro potrebbero forse trovarsi in disaccordo tra loro, ed il messaggio si confonderebbe e si perderebbe.

Noi sappiamo, sulla base dell'esperienza del nostro tirocinio, che la trasmissione della saggezza spirituale generalmente avviene attraverso uno solo, con il supporto di altri. Questo individuo deve sopportare il peso, il fardello e il rischio di essere il prescelto. Noi lo rispettiamo per ciò che fa e comprendiamo quanto ciò sia un pesante fardello. Questo subirà anche delle interpretazioni sbagliate, forse, ed è per questo che i saggi devono rimanere nascosti. Lui deve rimanere nascosto. In questo modo, il messaggio può essere dato e il messaggero può essere tutelato, perché ci sarà sicuramente ostilità verso questo messaggio. I visitatori vi si opporranno e già lo stanno facendo. L'opposizione può essere significativa ma sarà principalmente mirata al messaggero stesso. È per questo motivo che il messaggero deve essere protetto.

Sappiamo che le risposte a queste domande genereranno altre domande e molte di queste non possono avere una risposta, forse per molto tempo. I Saggi dovunque devono vivere con domande alle quali non possono ancora rispondere. È attraverso la loro pazienza e perseveranza che le vere risposte emergono e loro sono in grado di viverle e personificarle.

L'umanità è sulla soglia di un nuovo inizio. È di fronte ad una situazione grave. Il bisogno di una nuova formazione e di una nuova comprensione è gigantesco. Noi siamo qua per dare il nostro servizio a questo bisogno, su richiesta degli Unseen Ones. Essi contano su di noi affinché noi condividiamo con voi la nostra saggezza, perché noi viviamo nell'universo fisico come voi. Noi non siamo esseri angelici. Noi non siamo perfetti. Noi non abbiamo raggiunto grandi vette nella consapevolezza spirituale e nella realizzazione spirituale. Per questo confidiamo nel fatto che il nostro messaggio a voi, riguardante la Comunità Più Grande, sarà più attinente e sarà più facilmente concepito. Gli Unseen Ones sanno molto più di noi circa la vita nell'universo ed i livelli di evoluzione e conseguimento che sono disponibili e che vengono praticati in molti luoghi. Ci hanno tuttavia chiesto di parlarvi in merito alla realtà della vita fisica perché è dove noi siamo pienamente coinvolti ed abbiamo imparato, dalle nostre dure prove e dai nostri errori, l'importanza ed il significato di quello che stiamo condividendo con voi.

Veniamo a voi come Gli Alleati dell'Umanità, perché questo è ciò che siamo. Siate grati di avere degli alleati che vi possono aiutare, vi possono formare e possono essere di supporto alla vostra forza, alla vostra libertà ed al vostro compimento. Perché senza questa assistenza, la possibilità che possiate sopravvivere il genere di infiltrazione aliena che state ora subendo sarebbe estremamente limitata. Sì, ci sarebbero pochi singoli individui che capirebbero la situazione per come veramente essa esiste, ma i loro numeri non sarebbero grandi abbastanza e le loro voci non sarebbero udite.

In questo, possiamo solo chiedere la vostra fiducia. Speriamo che, attraverso la saggezza delle nostre parole ed attraverso le opportunità che avete per imparare il loro significato e la loro pertinenza, nel tempo potremo avere questa fiducia da voi, perché avete in noi degli alleati nella Comunità Più Grande. In noi, avete grandi amici al di là di questo mondo. Abbiamo sofferto le ostili sfide che state per affrontare ora voi ed abbiamo avuto successo. Perché abbiamo avuto assistenza, ora dobbiamo noi assistere altri. Questo è il nostro patto sacro. È a questo che noi siamo fermamente votati.

LA SOLUZIONE

◆

NELLA SUA ESSENZA,

LA SOLUZIONE ALL'INTROMISSIONE NON È QUESTIONE DI

TECNOLOGIA, DI POLITICA O DI POTENZA MILITARE

È una questione di rinnovamento dello spirito umano.

Riguarda divenire persone consapevoli dell'Intromissione ed iniziare a parlare ad alta voce contro di essa.

Riguarda porre fine all'isolamento e alla ridicolizzazione che trattiene la gente dall'esprimere quello che vedono e quello che sanno.

Riguarda il superamento della paura, della negazione, della fantasia e del raggiro.

Riguarda divenire persone forti, consapevoli e potenziate.

Gli Alleati dell'Umanità conferiscono i cruciali consigli che ci mettono in grado di riconoscere l'Intromissione e di contrastare le sue influenze. Per fare questo, gli Alleati ci esortano ad esercitare la nostra intelligenza nativa ed il nostro diritto di compiere il nostro destino come razza libera nella Comunità Più Grande.

È ora di incominciare.

C'È UNA NUOVA SPERANZA
NEL MONDO

La speranza nel mondo viene riaccesa da quelli che diventano forti con La Conoscenza. La speranza si può affievolire e poi può essere riaccesa. Può sembrare che vada e venga sulla base delle oscillazioni delle menti delle persone e delle scelte che fanno per se stesse. La speranza rimane con te. Il fatto che gli Unseen Ones (gli Angeli, "Quelli Che Non Si Vedono") siano qua non significa che ci sia speranza, perché senza di te non ci sarebbe speranza. Perché tu ed altri come te state portando una nuova speranza nel mondo, perché state imparando a ricevere il dono della Conoscenza. Questo porta una nuova speranza nel mondo. Forse in questo momento non lo potete vedere nel suo pieno. Forse sembra che vada oltre la vostra comprensione, ma da un punto di vista superiore è così vero ed è così importante.

La comparsa del mondo sulla scena della Comunità Più Grande parla a supporto di ciò, perché se nessuno si stesse preparando per la Comunità Più Grande, be', allora la speranza se ne andrebbe ed il destino dell'umanità sembrerebbe estremamente prevedibile. Ma perché c'è speranza nel mondo, perché c'è speranza in te ed in altri come te che stanno rispondendo ad una chiamata superiore, il destino dell'umanità serba una promessa più grande e la libertà dell'umanità potrebbe essere messa al sicuro.

◆

TRATTO DA *PASSI VERSO LA CONOSCENZA —PROSEGUIMENTO DELLA FORMAZIONE*

Resistenza

e

Potenziamento

◆

RESISTENZA & POTENZIAMENTO

L'etica del Contatto

◆

Ad ogni svolta, gli Alleati ci spronano ad assumere un ruolo attivo nel distinguere ed opporci a quell'intervento alieno che sta avendo luogo oggi nel nostro mondo. Tutto ciò include il nostro diritto e la nostra priorità, come popolo nativo di questo mondo, di stabilire le nostre Regole di Contatto concernenti tutti i presenti e futuri contatti con esseri di altre razze.

Guardando la natura del mondo e, andando indietro nel tempo, guardando la storia umana, si evince ampiamente il significato di Intervento: si evince che lo sfruttamento di risorse fa parte integrante della natura; che l'intervento di una cultura su di un'altra è sempre intrapreso per interessi egoistici ed ha sempre una conseguenza devastante sulla cultura e sulla libertà di quel popolo che viene "scoperto"; che il più forte domina sempre il più debole, quando ciò è possibile.

Benché si possa presumere che queste razze di ET che visitano il nostro mondo potrebbero essere un'eccezione a questa regola, ciò dovrebbe essere dimostrato senza ombra di dubbio, dando all'umanità il diritto di valutare qualsiasi proposta di visitazione. Questo non è certo avvenuto. Al contrario, nell'esperienza umana dei "contatti" avvenuti fino ad oggi, abbiamo visto calpestare la nostra autorità e i nostri diritti di proprietà come popolo nativo di questa terra. I "visitatori" hanno perseguito la loro agenda, senza nessun riguardo verso un'approvazione umana od una partecipazione consapevole.

Come è chiaramente indicato, sia dai Briefing degli Alleati, che dalla maggior parte delle ricerche sugli UFO/ET, un contatto etico non è mai avvenuto. Mentre può essere ammissibile per una razza aliena scambiare con noi la sua esperienza e la sua saggezza da un luogo lontano, non è ammissibile che altre razze vengano qua non invitate e che tentino di interferire negli affari umani, anche sotto l'apparente intenzione di volerci aiutare. Dato il nostro livello di sviluppo raggiunto ad oggi come razza emergente, non è assolutamente etico che avvenga questo.

L'Umanità non ha avuto l'opportunità di stabilire le sue Regole di Contatto e non ha stabilito i suoi confini, quelli che ogni razza nativa stabilisce per la sua stessa salvezza e sicurezza. Fare ciò servirebbe a facilitare l'unità e la cooperazione umana poiché dovremmo stare uniti per poterlo attuare. Una tale azione richiederebbe la consapevolezza di essere un solo popolo che fa parte di un solo mondo, che non siamo soli nell'universo e che i nostri confini nello spazio devono essere stabiliti e protetti. Tragicamente, questo necessario processo di sviluppo oggi viene aggirato.

È per incoraggiare l'Umanità alla preparazione per una realtà di vita all'interno della Comunità Più Grande che le Istruzioni, i Briefing degli Alleati, sono stati trasmessi. Invero, il Messaggio degli Alleati all'Umanità è per sé una dimostrazione del significato di Contatto Etico. Loro, infatti, mantengono le distanze, rispettando la nostra abilità e autorità e nello stesso tempo incoraggiano la libertà e l'unità di cui l'Umana Famiglia avrà bisogno per poter fare approdare il nostro futuro nella Comunità Più Grande. Benché molte persone oggi dubitino che l'Umanità abbia il potere e l'integrità per far fronte ai propri bisogni ed alle sfide di un vicino futuro, gli Alleati ci assicurano che questo potere, il Potere Spirituale della Conoscenza, è insito in ognuno di noi e che dobbiamo usarlo a nostro vantaggio.

Le Istruzioni per la preparazione dell'Umanità al varco della Comunità Più Grande sono state date. I due volumi dei Briefing degli Alleati dell'Umanità ed i libri sulla "Via della Conoscenza" della Comunità Più Grande sono disponibili per i lettori e possono essere consultati presso AlliesofHumanity.org/it e presso NewMessage.org/it. Insieme, questi testi forniscono i mezzi per scalzare l'Intromissione e per affrontare il nostro futuro, alle soglie dello spazio. Questa è la sola vera Preparazione disponibile al mondo oggi. È l'essenziale Preparazione che gli Alleati hanno così urgentemente richiesto.

In risposta alle Istruzioni degli Alleati, un gruppo di lettori interessati, ha stilato un documento intitolato "Dichiarazione di Sovranità del Genere Umano". Modellato sulla Dichiarazione d'Indipendenza degli Stati Uniti, essa stabilisce l'etica e le regole del contatto che noi, come popolo nativo di questa terra, disperatamente necessitiamo per preservare la libertà e la sovranità umana. Come popolo indigeno di questo mondo, abbiamo il diritto e la responsabilità di determinare quando e come una visitazione può avvenire e chi può entrare nel nostro mondo. Bisogna far conoscere a tutte le nazioni e gruppi dell'Universo che sono a conoscenza della nostra esistenza, che siamo determinati e che intendiamo far rispettare i nostri diritti e le nostre responsabilità, nel ruolo di popolo libero emergente all'interno della Comunità Più Grande.

La Dichiarazione di Sovranità del Genere Umano è un inizio e può essere consultata presso HumanSovereignty.org.

RESISTENZA &
POTENZIAMENTO

Agire — che cosa potete fare

◆

Gli Alleati ci chiedono di imporci per il benessere del nostro mondo e di diventare, essenzialmente, noi stessi gli Alleati dell'Umanità. Tuttavia per essere reale, questo impegno deve venire dalla nostra coscienza, la parte più profonda di noi stessi. Ci sono molte cose che potete fare per contrastare l'intervento e per trasformarvi in una forza positiva rafforzando voi stessi e chi vi sta vicino.

Alcuni lettori hanno espresso un sentimento di mancanza di speranza dopo la lettura del materiale degli Alleati. Se questo è quello che provate, è importante ricordarsi che è l'intenzione dell'Intromissione influenzarvi per farvi sentire consenzienti e speranzosi oppure sfiduciati ed impotenti di fronte alla loro presenza. Non permettete a voi stessi di essere persuasi. Troverete la vostra forza reagendo. Che cosa potete realmente fare? Ci sono molte cose che possono essere fatte.

◆

Preparatevi.

La preparazione deve cominciare con la presa di coscienza e con l'istruzione. Dovete avere una comprensione di quello con cui avete a che fare. Approfondite la conoscenza sul fenomeno degli UFO/ET. Approfondite le vostre ricerche sulle ultime scoperte della scienza e dell'astrobiologia planetaria che stanno diventando sempre più disponibili.

LETTURE CONSIGLIATE

- Vedi "Risorse Aggiuntive" nell'Appendice.

◆

Resistete all'influenza del Programma di Pacificazione.

Resistete al programma di pacificazione. Resistete all'influenza che vi porta a diventare disattenti ed insensibili alla vostra Conoscenza. Resistete all'intervento con consapevolezza, con vocazione e con comprensione. Promuovete la cooperazione, l'unità e l'integrità umane.

LETTURE CONSIGLIATE

- *Spiritualità della Comunità Più Grande*, Capitolo 6: "Cosa è la Comunità Più Grande?" e Capitolo 11: "Qual è lo Scopo della Tua Preparazione?"
- *Vivere la Via della Conoscenza*, Capitolo 1: "Vivere in un Mondo Emergente"

◆

Siate consapevoli dell'Ambiente Mentale.

L'ambiente mentale è l'ambiente del pensiero e delle influenze in cui tutti viviamo. Il relativo effetto sui nostri pensieri, emozioni ed azioni è ancora maggiore dell'effetto dell'ambiente fisico. L'ambiente mentale è per ora direttamente condizionato ed influenzato dall'Intromissione. Inoltre è influenzato dai governi e dagli interessi commerciali tutt'intorno a noi. Diventare cosciente dell'ambiente mentale è determinante per il mantenimento della propria libertà per poter pensare liberamente e con lucidità. La prima misura che potete prendere è di scegliere coscientemente chi e che cosa sta influenzando i vostri pensieri e le vostre decisioni attraverso l'input che ricevete dal mondo esterno. Ciò comprende mezzi d'informazione, libri e amici convincenti, famiglia e personaggi autorevoli. Regolate la vostra scala di riferimento ed imparate come determinare chiaramente, con discernimento ed obiettività, che cosa l'altra gente e perfino la cultura in genere, vi sta dicendo. Ciascuno di noi deve imparare a discernere coscientemente queste influenze per proteggere ed innalzare l'ambiente mentale in cui viviamo.

LETTURE CONSIGLIATE

* *Saggezza dalla Comunità Più Grande Volume II*, Capitolo 12: "L'Espressione Personale e l'Ambiente Mentale" e Capitolo 15: "Rispondere alla Comunità Più Grande"

◆

Studiate gli insegnamenti della Via della Conoscenza della Comunità Più Grande.

L'apprendimento degli insegnamenti della Via della Conoscenza della Comunità Più Grande vi condurrà direttamente alla mente spirituale superiore che il Creatore di tutta la vita ha riposto in ognuno di voi. È al livello di questa mente più profonda aldilà del nostro intelletto, a livello di conoscenza, che sarete al sicuro da interferenze e da manipolazioni da parte di tutto il potere terreno o da parte della Comunità Più Grande. La conoscenza inoltre contiene per voi, la cognizione del vostro scopo spirituale superiore per il quale siete venuti nel mondo proprio durante questa epoca. È il centro stesso della vostra spiritualità. Potete cominciare oggi il vostro viaggio nella Via della Conoscenza della Comunità Più Grande iniziando lo studio dei Passi verso La Conoscenza, on-line presso NewMessage.org/it.

LETTURE CONSIGLIATE

- *Spiritualità della Comunità Più Grande*, Capitolo 4: "Cosa è La Conoscenza?"
- *Vivere la Via della Conoscenza*: Tutti i capitoli
- *Studio dei Passi verso La Conoscenza*: Il Libro del Sapere Interiore

◆

Formate un gruppo di lettura del Messaggio degli Alleati.

Al fine di creare un ambiente positivo dove il materiale degli Alleati può essere preso profondamente in considerazione, unitevi ad altri in un gruppo di lettura del Messaggio degli Alleati. Abbiamo scoperto che quando la gente legge i Briefing degli Alleati ed i libri della Via della Conoscenza della Comunità Più Grande ad alta voce in un gruppo pregno di vicendevole supporto, e quando tutti sono liberi di condividere domande ed ispirazioni mentre procedono, la loro comprensione del materiale cresce notevolmente. In questo modo potete iniziare a trovare altri che condividono la vostra consapevolezza ed il vostro desiderio di trovare la verità in merito all'Intromissione. Potete iniziare anche solo con un'altra persona.

LETTURE CONSIGLIATE

- *Saggezza dalla Comunità Più Grande Volume II*, Capitolo 10: "Visitazione dalla Comunità Più Grande", Capitolo 15: "Rispondere alla Comunità Più Grande", Capitolo 17: "Le percezioni dei Visitatori Riguardo all'Umanità" e Capitolo 28: "Le Realtà della Comunità Più Grande"

- *Gli Alleati dell'Umanità Libro Secondo:* Tutti i capitoli.

◆

Preservate e proteggete l'ambiente.

Ogni giorno che passa, impariamo qualcosa in più sulla necessità di conservare, proteggere e ripristinare il nostro ambiente naturale. Anche se l'Intromissione non fosse mai avvenuta, questa sarebbe comunque una priorità. Tuttavia il messaggio degli Alleati dà un nuovo slancio ed una nuova comprensione della necessità di stabilire un utilizzo sostenibile delle risorse naturali del nostro mondo. Cercate di prendere coscienza di come vivete e che cosa consumate e cercate di trovare il modo per rispettare l'ambiente. Come gli Alleati enfatizzano, la nostra autosufficienza come razza sarà necessaria per salvaguardare la nostra libertà e il nostro sviluppo all'interno della Comunità Più Grande di vita intelligente.

LETTURE CONSIGLIATE

- *Saggezza dalla Comunità Più Grande Volume I*, Capitolo 14: "L'Evoluzione del Mondo"
- *Saggezza dalla Comunità Più Grande Volume II*, Capitolo 25: "Ambienti"

◆

Divulgate il messaggio
dei Briefing degli Alleati dell'Umanità.

Condividere il messaggio degli Alleati con altri è estremamente importante per i seguenti motivi:

— Contribuireste a rompere il sordo silenzio che circonda la realtà e lo spettro dell'Intromissione extraterrestre.

— Contribuireste a rompere l'isolamento che impedisce alla gente di dialogare tra loro in riferimento a questa grande sfida.

— Svegliereste coloro che sono caduti sotto l'influenza del Programma di Pacificazione, dando loro la possibilità di usare le proprie menti per rivalutare il significato di questo fenomeno.

— Rinforzereste la determinazione dentro di voi ed in altri per non capitolare al timore o evitare di affrontare la grande sfida del nostro tempo.

— Portereste la conferma nel profondo delle persone ed alla loro consapevolezza di questo Intervento.

— Contribuireste a stabilire la resistenza che può contrastare l'Intromissione e promuovere quell'acquisizione di potere che può dare all'umanità unità e forza per poter stabilire le proprie Regole di Contatto.

QUI DI SEGUITO CI SONO ALCUNI ESEMPI CONCRETI CHE POTETE SEGUIRE OGGI:

— Condividete questo libro ed il relativo messaggio con altri. L'intero primo insieme di Briefing ora è a disposizione per la lettura, scaricabile gratuitamente liberamente dal sito Web degli Alleati e dagli altri siti indicati.

— Leggete la Dichiarazione di Sovranità del Genere Umano e condividete questo documento importante con altri. Può essere letto in linea ed essere stampato da HumanSovereignty.org.

— Suggerite alla vostra libreria ed alla biblioteca locale di tenere i volumi degli Alleati dell'Umanità e gli altri libri di Marshall Vian Summers. Ciò aumenterà l'accesso al materiale per altri lettori.

— Condividete opportunamente il materiale e il punto di vista degli Alleati presso i forum e i gruppi di discussione esistenti.

— Partecipate a conferenze e riunioni su tale argomento e condividete il punto di vista degli Alleati.

— Traducete i Briefing de Gli Alleati dell'Umanità. Se siete multilingue, per favore considerate la possibilità di aiutare a tradurre i briefing, al fine di renderli disponibili a un maggior numero di lettori nel mondo.

— Contattate la Biblioteca della Nuova Conoscenza per ricevere gratuitamente un kit di promozione degli Alleati, contenente materiale che vi può aiutare a condividere con altri questo messaggio.

LETTURE CONSIGLIATE

- Vivere la Via della Conoscenza, Capitolo 9: "Condividere La Via della Conoscenza con gli Altri"
- Saggezza dalla Comunità Più Grande Volume II, Capitolo 19: "Il Coraggio"

◆

Questa non è assolutamente una lista completa, è solo un inizio. Guardate nella vostra vita e cercate di vedere quali opportunità possono esistere in lei, siate poi aperti verso la vostra Conoscenza e le idee che si ispirano a questo argomento. In aggiunta a portare avanti le cose sopra elencate; persone hanno già trovato modi creativi per esprimere il Messaggio degli Alleati – con l'arte, la musica, la poesia. Trovate il vostro modo.

UN MESSAGGIO DA
MARSHALL VIAN SUMMERS

◆

Nel corso degli ultimi 25 anni, sono stato immerso in esperienze meditative. Ciò ha fatto sì che ricevessi un enorme ammontare di informazioni circa la natura della spiritualità umana e il suo destino nel contesto di un più vasto panorama di vita intelligente nell'Universo. Questi scritti, racchiusi negli Insegnamenti della Via della Conoscenza, appartenenti alla Comunità Cosmica, contengono una struttura teologica che illustra la vita e la presenza di Dio all'interno della Comunità Più Grande, la vasta estensione spazio-temporale che conosciamo come il nostro Universo.

La cosmologia che man mano ho ricevuto, contiene innumerevoli messaggi, uno dei quali illustra come il Genere Umano si stia gradualmente avvicinando a far parte di questa più vasta comunità e per questo è necessario esserne a conoscenza e capirne le implicazioni. Inerente a questo messaggio vi è la comprensione che l'umanità non sia sola nell'universo o persino sola all'interno del proprio mondo. E che all'interno di essa l'umanità avrà degli alleati, ma anche dei competitori e degli avversari.

Questa più ampia realtà fu drammaticamente confermata dall'improvvisa ed inaspettata trasmissione della prima parte delle istruzioni inviate dagli Alleati dell'Umanità nel 1997. Tre anni prima, nel 1994, avevo ricevuto la Struttura Teologica per una migliore comprensione delle istruzioni contenute nei Briefing, come si evince dal mio libro *Spiritualità della Comunità Più Grande – Una Nuova Rivelazione*.

A quel punto, come risultato del mio lavoro spirituale e dei miei scritti, emerse spontanea la convinzione che il Genere Umano abbia degli alleati nell'Universo e che essi abbiano a cuore il benessere e la futura libertà della nostra razza. All'interno della crescente cosmologia che mi veniva inviata, vi era la comprensione che, nella storia delle Creature Intelligenti dell'Universo, esiste una regola per cui una razza con un'etica più avanzata ha come prerogativa quella di aiutare e di incanalare la saggezza da lei ottenuta, verso quelle razze emergenti come la nostra, senza l'ausilio di un intervento diretto o di interferenze nei suoi affari. L'intenzione qui è informare e non interferire. Questo "trasmettere saggezza" rappresenta una lunga esistente struttura etica inerente il Contatto con emergenti razze ed il modo in cui deve essere gestita. I libri d'istruzioni degli Alleati dell'Umanità sono una chiara dimostrazione di questo tipo di modello di non interferenza e di Contatto Etico. Questo modello dovrebbe essere un faro guida standard che dovremmo aspettarci altre razze seguano nel loro tentativo di entrare in contatto con noi o di visitare il nostro mondo. Ma, queste regole di Contatto etico sono in netto contrasto con l'Intromissione che sta avendo luogo oggi nel mondo.

Ci stiamo spostando in una posizione di estrema vulnerabilità. Con lo spettro dell'esaurimento delle risorse, del degrado ambientale e con il rischio di una più brutale frattura della famiglia umana che cresce ogni giorno, siamo maturi per un'Intromissione. Noi viviamo in un apparente isolamento in un mondo ricco e di inestimabile valore che fa gola ad altri aldilà dei nostri spazi. Ci distraggono e ci dividono in modo da non essere consapevoli ed in grado di vedere ciò che accade ai nostri confini. È un fenomeno che si ripete continuamente nella storia impattando il destino di popoli nativi che subiscono un'Intromissione per la prima volta. Noi non siamo per niente realisti nell'assumere che altre vite intelligenti dell'Universo possano essere potenti e benevole e ci rendiamo conto solo adesso delle condizioni che abbiano creato per noi stessi all'interno del nostro stesso mondo.

La sgradevole verità è che la famiglia umana non è ancora pronta per un Contatto diretto e, certamente, non per un'Intromissione. Per prima cosa bisogna far ordine e pulizia nella nostra casa. Non abbiamo ancora quella maturità, come specie, di interagire con altre razze della Comunità da una posizione di unità, forza e discernimento. Fino a quando non otterremo questa posizione, se mai ci riusciremo, allora nessuna razza dovrà lontanamente ipotizzare o tentare di intervenire nel nostro mondo. Gli Alleati si stanno prodigando per fornirci saggezza e prospettive, però non stanno intervenendo. Ci vogliono far capire che il nostro destino è, e dovrà restare, nelle nostre mani. Questo è il fardello della libertà nell'Universo.

Ma, a prescindere dalla nostra mancanza di preparazione, un'Intromissione è già in atto. È necessario che l'Umanità sia pronta per questo, essendo presso la soglia più importante della storia umana. Piuttosto che essere testimoni casuali di questo fenomeno, ne siamo protagonisti. Sta accadendo, a prescindere dall'esserne consapevoli o no. Ha il potere di sconvolgere e cambiare il futuro dell'umanità ed ha a che fare con chi siamo e perché siamo in questo mondo adesso.

La Via della Conoscenza della Comunità Più Grande è stata trasmessa ed acquisita in modo da poter servire due funzioni fondamentali: quella dell'insegnamento e quella della preparazione che adesso sono necessarie per affrontare e varcare questa grande soglia. Necessarie inoltre per poter rinnovare lo spirito umano e per poter intraprendere un nuovo corso per la "famiglia umana". Si sollecita un urgente bisogno di unità e di cooperazione, che sono le basi della Conoscenza, un'intelligenza spirituale e una più grande responsabilità. Questo può definirsi un nuovo messaggio del Creatore di tutta la vita.

La mia missione è quella di portare questa conoscenza e preparazione nel mondo e, con essa, una nuova certezza e speranza per questa umanità in difficoltà. La mia lunga preparazione e gli importanti insegnamenti della Via della Conoscenza della Comunità Più Grande (Greater Community) sono messi a disposizione per questo scopo. Gli Insegnamenti degli Alleati dell'Umanità non sono che una piccola parte di un messaggio più ampio. È giunto il momento di porre fine agli incessanti conflitti e prepararsi ad una vita all'interno di questa Comunità Più Grande. Per far ciò è necessaria una nuova consapevolezza di noi stessi come un solo popolo, il popolo nativo di questo mondo, generato da un solo spirito e della nostra vulnerabile posizione come giovane razza emergente nell'Universo. Questo è il mio messaggio per l'umanità e questo è il motivo per cui sono venuto.

MARSHALL VIAN SUMMERS
2008

Appendice

◆

DEFINIZIONE DEI
TERMINI UTILIZZATI

◆

GLI ALLEATI DELL'UMANITÀ: Un piccolo gruppo di esseri fisici, provenienti dalla Comunità Più Grande (Greater Community), nascosti nell'ambito del nostro sistema solare, nelle vicinanze del nostro mondo. La loro missione è quella di osservare, relazionare ed avvisarci delle attività dei visitatori alieni e dell'intromissione nel mondo oggi. Essi rappresentano i Saggi di molti mondi.

I VISITATORI: Diverse razze aliene della Comunità Più Grande, che stanno "visitando" il nostro mondo senza il nostro permesso e che stanno interferendo attivamente nelle faccende umane. I visitatori sono impegnati in un lungo processo di integrazione della loro razza nel tessuto e nell'animo della vita umana, con lo scopo di ottenere il controllo delle risorse del mondo e della sua popolazione.

L'INTROMISSIONE: La presenza dei visitatori alieni, il loro scopo e le loro attività nel mondo.

IL PROGRAMMA DI PACIFICAZIONE: Il programma di persuasione e di influenza dei visitatori, mirato a disarmare la consapevolezza ed il discernimento delle persone circa l'Intromissione, al fine di rendere passiva e conforme l'umanità.

LA COMUNITÀ PIÙ GRANDE (GREATER COMMUNITY): Lo spazio. Il vasto Universo fisico e spirituale che contiene vita intelligente in innumerevoli manifestazioni, entro il quale l'umanità sta emergendo.

GLI UNSEEN ONES: (Quelli Che Non Si Vedono) Gli Angeli del Creatore che sovrintendono lo sviluppo spirituale degli esseri senzienti in tutta la Comunità Più Grande. Gli Alleati si riferiscono a loro chiamandoli gli "Unseen Ones."

DESTINO UMANO: L'Umanità è destinata ad emergere nella Comunità Più Grande. Questa è la nostra evoluzione.

I COLLETTIVI: Complesse organizzazioni gerarchiche composte da diverse razze aliene che sono reciprocamente legate da un'alleanza comune. Più di uno di questi collettivi, al quale appartengono i visitatori alieni, sono attualmente presenti oggi nel mondo. Questi collettivi hanno agende che sono in competizione fra loro.

L'AMBIENTE MENTALE: L'ambiente del pensiero e dell'influenza mentale.

LA CONOSCENZA: L'intelligenza spirituale che vive all'interno di ogni persona. La fonte di tutto quello che conosciamo. Comprensione intrinseca. Saggezza eterna. La parte di noi che è fuori dal tempo, che non può essere manipolata o corrotta. Un potenziale insito in tutta la vita intelligente. La Conoscenza è Dio in te e Dio è tutta La Conoscenza nell'Universo.

LE VIE DELL'INTUITO PROFONDO (INSIGHT): Insegnamenti vari contenuti nella Via della Conoscenza, che vengono impartiti in molti mondi nella Comunità Più Grande.

LA VIA DELLA CONOSCENZA DELLA COMUNITÀ PIÙ GRANDE: Un insegnamento spirituale proveniente dal Creatore, praticato in molti luoghi nella Comunità Più Grande. Insegna a vivere ed a esprimere la Conoscenza ed a preservare la libertà individuale nell'Universo. Questo insegnamento è stato mandato sulla Terra per preparare l'umanità alle realtà della vita nella Comunità Più Grande.

COMMENTI SU
GLI ALLEATI DELL'UMANITÀ

◆

Rimasi fortemente colpito da Gli Alleati dell'Umanità... perché il messaggio mi suona vero. Contatti radar, effetti di terra, nastri e filmati dimostrano che gli UFO sono veri. Ora dobbiamo ponderare la vera questione: l'agenda in corso ed i suoi occupanti. Il libro Gli Alleati dell'Umanità affronta con forza la questione, una questione che si potrebbe dimostrare critica per il genere umano."

— JIM MARRS, autore di
Alien Agenda and Rule by Secrecy

Alla luce di decenni spesi studiando il channeling e l'ufologia/extraterrestrologia, ho una reazione molto positiva verso Summers in qualità di canale e verso il messaggio delle sue riportate fonti in questo libro. Sono profondamente colpito dalla sua integrità come essere umano, come spirito e come vero canale. Nel loro messaggio e nel loro comportamento, Summers e le sue fonti mi dimostrano in modo convincente un vero orientamento al servizio per il prossimo, di fronte a tale e tanto orientamento al servizio per sé stessi, umano ed ora anche extraterrestre. Anche se serio ed allarmante nel suo tono, il messaggio di questo libro stimola il mio spirito con la promessa delle meraviglie che attendono la nostra specie con l'entrata a far parte della Comunità Più Grande. Dobbiamo allo stesso tempo scoprire ed accedere al nostro diritto di nascita, che è la nostra relazione con il Creatore, per assicurarci di non essere ingiustamente manipolati e sfruttati da alcuni membri della Comunità Più Grande mentre siamo in procinto di farlo."

> — JON KLIMO, autore di
> *Channeling: Investigations on*
> *Receiving Information from*
> *Paranormal Sources*

Studiare il fenomeno UFO/Adduzioni Aliene per 30 anni è stato come mettere insieme un puzzle gigante. Il tuo libro mi ha dato finalmente un'intelaiatura dove inserire i pezzi rimanenti."

> — ERICK SCHWARTZ,
> LCSW, California

Esiste un pasto gratuito nel cosmo? Il libro Gli Alleati dell'Umanità ci rammenta con forza che no, non c'è."

> — ELAINE DOUGLASS,
> MUFON Co-state director, Utah

Gli Alleati avrà una grossa risonanza tra la popolazione mondiale che parla spagnolo. Questo lo posso garantire! Tanta gente, non solo nel mio paese, che lotta per il proprio diritto a preservare la propria cultura! I tuoi libri confermano solo quello che essi hanno cercato di dirci in così tanti modi, per così tanto tempo."

—INGRID CABRERA, Mexico

Questo libro ha avuto una profonda risonanza dentro di me. Per me, [*Gli Alleati dell'Umanità*] è, a dir poco, fortemente innovativo. Io onoro le forze, umane ed altre, che hanno portato questo libro ad essere, ed io prego che il suo urgente avviso sia ascoltato."

—RAYMOND CHONG, Singapore

Molto del materiale degli Alleati ha una risonanza con quello che ho imparato o che sento istintivamente che sia il vero."

— TIMOTHY GOOD, Ricercatore
UFO Inglese
autore di *Beyond Top Secret*
e *Unearthly Disclosure*

ULTERIORE STUDIO

◆

Il libro *GLI ALLEATI DELL'UMANITÀ* fa luce sulle domande fondamentali che riguardano la realtà, la natura e lo scopo della presenza extraterrestre oggi nel mondo. Tuttavia, è un libro che fa emergere molti altri fondamentali quesiti che vanno esplorati con ulteriori studi. Come tale, funge da catalizzatore per maggiore consapevolezza e per una chiamata all'azione. Per imparare di più, ci sono due percorsi che i lettori possono seguire, separatamente o congiuntamente. Il primo percorso è lo studio del fenomeno stesso degli UFO/ET che è stato ampiamente documentato, negli ultimi decenni, da ricercatori che rappresentano molti punti di vista diversi. Nelle seguenti pagine abbiamo elencato alcune importanti risorse su questo soggetto e riteniamo che siano particolarmente attinenti al materiale degli Alleati. Incoraggiamo tutti i lettori ad aumentare il proprio livello di informazione circa questo fenomeno.

Il secondo percorso è per i lettori che desiderano esplorare le implicazioni spirituali di tale fenomeno e quello che possono fare, personalmente, per prepararsi. Per questo scopo raccomandiamo il materiale di MV Summers che abbiamo elencato nelle seguenti pagine.

Per mantenersi informati circa nuovo materiale collegato agli argomenti trattati da Gli Alleati dell'Umanità, potete visitare il sito: www.alliesofhumanity.org/it. Per ulteriori informazioni riguardanti

La Via della Conoscenza della Comunità Più Grande, potete visitare il sito: www.newmessage.org/it.

FONTI AGGIUNTIVE

Q ui di seguito trovate un elenco preliminare di fonti che riguardano il fenomeno UFO/ET. Non si pretende di fornire una bibliografia completa su tale argomento, ma semplicemente un punto di partenza. Una volta che la vostra ricerca sulla realtà di questo fenomeno sarà iniziata, troverete sempre più materiale da esplorare, sia da queste che da altre fonti. Si consiglia sempre di applicare discernimento.

LIBRI

Berliner, Don: *UFO Briefing Document*, Dell Publishing, 1995.

Bryan, C.D.B.: *Close Encounters of the Fourth Kind: Alien Abduction, UFOs and the Conference at MIT*, Penguin, 1996.

Dolan, Richard: *UFOs and the National Security State: Chronology of a Coverup*, 1941-1973, Hampton Roads Publishing, 2002.

Fowler, Raymond E.: *The Allagash Abductions: Undeniable Evidence of Alien Intervention*, 2nd Edition, Granite Publishing, LLC, 2005.

Good, Timothy: *Unearthly Disclosure*, Arrow Books, 2001.

Grinspoon, David: *Lonely Planets: The Natural Philosophy of Alien Life*, Harper Collins Publishers, 2003.

Hopkins, Budd: *Missing Time*, Ballantine Books, 1988.

Howe, Linda Moulton: *An Alien Harvest*, LMH Productions, 1989.

Jacobs, David: *The Threat: What the Aliens Really Want*, Simon & Schuster, 1998.

Mack, John E.: *Abduction: Human Encounters with Aliens*, Charles Scribner's Sons, 1994.

Marrs, Jim: *Alien Agenda: Investigating the Extraterrestrial Presence Among Us*, Harper Collins, 1997.

Sauder, Richard: *Underwater and Underground Bases*, Adventures Unlimited Press, 2001.

Turner Karla: *Rapite dagli UFO. Otto donne «Prelevate» e «Studiate» dagli alieni*, Edizioni Mediterranee, 1996.

DVD

The Alien Agenda and the Ethics of Contact with Marshall Vian Summers, MUFON Symposium, 2006. Disponibile (in Inglese) presso la New Knowledge Library.

The ET Intervention and Control in the Mental Environment, with Marshall Vian Summers, Conspiracy Con, 2007. Disponibile (in Inglese) presso la New Knowledge Library.

Out of the Blue: The Definitive Investigation of the UFO Phenomenon, Hanover House, 2007.

SITI WEB

www.humansovereignty.org

www.alliesofhumanity.org/it

www.newmessage.org/it

PASSI TRATTI DAI LIBRI DELLA VIA DELLA CONOSCENZA DELLA COMUNITÀ PIÙ GRANDE

"Tu non sei semplicemente un essere umano in questo singolo mondo. Siete cittadini della Comunità Più Grande dei mondi. Questo è l'universo fisico che tu riconosci attraverso i tuoi sensi. È di gran lunga più vasto di quanto tu possa comprendere... Siete cittadini di un Universo fisico più vasto. Questo tiene conto non solo del tuo Lignaggio e del tuo Retaggio, ma anche del tuo scopo nella vita in questo tempo, perché il mondo dell'umanità sta crescendo ed entrando nella vita della Comunità Più Grande dei mondi. Questo tu lo sai, anche se le tue credenze non ne tengono ancora conto."

—*Passi verso La Conoscenza*:
Passo 187: Io sono un cittadino dei Mondi della Comunità Più Grande.

"Siete venuti nel mondo in un momento di grande svolta, una svolta della quale vedrete solo una parte nella vostra attuale vita. È una svolta nella quale il vostro mondo prenderà contatto con i mondi nelle sue vicinanze. Questa è la naturale evoluzione dell'umanità, così come è la naturale evoluzione di tutta la vita intelligente in tutti i mondi."

— Passi verso La Conoscenza:
Passo 190: Il mondo sta
emergendo nella Comunità
Più Grande dei mondi ed è per
questo che Io sono venuto.

"Tu hai grandissimi amici al di là di questo mondo. È per questo che l'umanità vuole entrare nella Comunità Più Grande, perché la Comunità Più Grande rappresenta, per le relazioni dell'umanità, un più ampio orizzonte. Tu hai dei veri amici al di là del mondo perché tu non sei solo nella Comunità Più Grande dei mondi. Tu hai amici al di là del mondo perché la tua Famiglia Spirituale ha i suoi rappresentanti dappertutto. Tu hai amici al di là del mondo perché tu non stai solo lavorando per l'evoluzione di questo mondo ma stai lavorando anche per l'evoluzione dell'Universo. Al di là della tua immaginazione, al di là delle tue capacità concettuali, questo è più che certamente vero."

— Passi verso La Conoscenza:
Passo 211: Io ho grandissimi amici
al di là di questo mondo.

"Non reagire con speranza. Non reagire con paura. Rispondi con La Conoscenza."

— *Saggezza dalla Comunità
Più Grande Volume II*
Capitolo 10: Visitazioni dalla
Comunità Più Grande

"Perché sta succedendo ciò? La scienza non è in grado di rispondere. La ragione non è in grado di rispondere. Il pensiero basato sui propri desideri non può rispondere. L'autoprotezione basata sulla paura non può rispondere. Che cosa può rispondere a tale domanda? Qua devi porre questa domanda con un genere diverso di mente, vedere con un genere diverso di occhi e vivere un'esperienza diversa."

— *Saggezza dalla Comunità
Più Grande Volume II*
Capitolo 10: Visitazioni dalla
Comunità Più Grande

"Ora devi pensare a Dio nella Comunità Più Grande—non un Dio umano, non un Dio della tua storia scritta, non un Dio delle tue prove e delle tue tribolazioni, ma un Dio per ogni tempo, ogni razza, ogni dimensione, un Dio per quelli che sono primitivi e per quelli che sono evoluti, per quelli che pensano come te e per quelli che pensano molto diversamente da te, per quelli che credono e per quelli per i quali credere è inspiegabile. Questo è Dio nella Comunità Più Grande. Ed è qua che devi cominciare."

—*Spiritualità della Comunità Più*
Grande:
Capitolo 1: Che cos'è Dio?

"C'è bisogno di te nel mondo. È tempo di prepararsi. È tempo di diventare focalizzati e determinati. Non c'è via d'uscita da questo, perché solo quelli che sono sviluppati nella Via della Conoscenza avranno in futuro la capacità e saranno in grado di mantenere la propria libertà in un Ambiente Mentale che sarà sempre più influenzato dalla Comunità Più Grande."

— *Vivere la Via della Conoscenza*:
Capitolo 6: Il Pilastro dello
Sviluppo Spirituale

"Qua non ci sono eroi. Non c'è nessuno da venerare. C'è una fondazione che deve essere costruita. C'è lavoro da fare. C'è una preparazione da intraprendere. E c'è un mondo da servire."

— *Vivere la Via della Conoscenza*:
Capitolo 6: Il Pilastro dello
Sviluppo Spirituale

"La Via della Conoscenza della Comunità Più Grande viene presentata nel mondo, dove è sconosciuta. Qua non ha storia e non ha una base. Le persone non sono abituate ad essa. Non è necessariamente conforme alle loro idee, ai loro credo ed alle loro aspettative. Non è conforme all'attuale comprensione religiosa del mondo. Arriva in una forma discinta—senza rituali e senza sfarzo, senza ricchezza e senza eccessi. Arriva pura e semplice.

È come un infante nel mondo. Sembrerebbe vulnerabile, ma rappresenta una Realtà Superiore ed una maggiore promessa per l'umanità."

— *Spiritualità della Comunità Più Grande*:
Capitolo 22: Dove si può trovare La Conoscenza?

"Nella Comunità Più Grande ci sono quelli che sono più potenti di te. Ti possono mettere nel sacco, ma solo se non stai all'occhio. Possono influire sulla tua mente ma non la possono controllare se tu sei con La Conoscenza."

— *Vivere la Via della Conoscenza:*
Capitolo 10: Essere Presente Nel Mondo

"L'Umanità vive in una casa molto grande. Una parte della casa si sta incendiando e c'è altra gente che la sta visitando per capire quanto fuoco può spegnere a proprio vantaggio."

— *Vivere la Via della Conoscenza:*
Capitolo 11: Prepararsi per il Futuro

"Vai fuori in una notte serena e guarda in alto. Il tuo destino è là. Le tue difficoltà sono là. Le tue opportunità sono là. La tua redenzione è là."

— *Spiritualità della Comunità Più Grande*:
Capitolo 15: Chi è al Servizio dell'Umanità?

"Non devi mai presumere che ci sia una logica superiore in una razza evoluta, a meno che la stessa non sia forte nella Conoscenza. Essi possono, infatti, essere fortificati contro la Conoscenza quanto lo siete voi. Vecchie abitudini, ritualità, strutture ed autorità devono essere sfidate dall'evidenza della Conoscenza. È per questo che anche nella Comunità Più Grande, l'uomo o la donna di Conoscenza sono una forza poderosa."

— *Passi verso La Conoscenza*:
Livelli Superiori

"Il tuo coraggio nei confronti del futuro non deve nascere da finzione, ma deve nascere dalla tua certezza nella Conoscenza. In questo modo, sarai un rifugio di pace ed una fonte di ricchezza per gli altri. Questo è quello che dovresti essere. Questo è il motivo per il quale sei venuto nel mondo."

— *Passi verso La Conoscenza*:
Passo 162: Io non avrò paura oggi.

"Non è un tempo facile per essere nel mondo, ma se contribuire è il tuo scopo e la tua intenzione, è il tempo giusto per essere nel mondo."

> — *Spiritualità della Comunità Più Grande:*
> Capitolo 11: Qual è lo Scopo della tua Preparazione?

"Affinché tu possa portare avanti la tua missione, devi avere dei grandi alleati perché Dio sa che non ce la potete fare da soli."

> — *Spiritualità della Comunità Più Grande:*
> Capitolo 12: Chi Incontrerete?

"Il Creatore non lascerebbe l'umanità senza una preparazione per la Comunità Più Grande. È per questo che viene presentata La Via della Conoscenza della Comunità Più Grande. Nasce dalla Grande Volontà dell'Universo. Viene comunicata attraverso gli Angeli dell'Universo che sono al servizio dell'esordio della Conoscenza dappertutto e che coltivano dappertutto relazioni che possono incarnare dovunque La Conoscenza. Questo lavoro è il lavoro del Divino nel mondo, non per portarvi dal Divino, ma per portarvi nel mondo, perché il mondo ha bisogno di voi. Questo è il motivo per il quale siete stati mandati qua. È per questo che avete scelto di venire ed avete scelto di venire per servire e per supportare l'emergere del mondo nella Comunità Più Grande, perché è quello il grande bisogno dell'umanità in questo momento e quel grande bisogno metterà in ombra tutti i bisogni dell'umanità nei tempi che verranno."

> — *Spiritualità della Comunità Più Grande:*
> Introduzione

NOTE SULL'AUTORE

◆

Anche se oggi è poco conosciuto nel mondo, Marshall Vian Summers potrebbe in definitiva essere riconosciuto come il più significativo maestro spirituale che è emerso nel corso della nostra vita. Per oltre vent'anni ha quietamente scritto ed insegnato una spiritualità che prende atto dell'innegabile realtà del fatto che l'umanità vive in un vasto e popolato Universo ed ora necessita urgentemente di prepararsi per emergere nella Comunità Più Grande di vita intelligente.

MV Summers insegna la disciplina della *Conoscenza*, il sapere interiore. "Il nostro più profondo intuito," dice Summers, "è solo un'espressione esteriore della grande potenza della Conoscenza." I suoi libri, *Steps to Knowledge: The Book of Inner Knowing (Passi verso La Conoscenza: Il Libro del Sapere Interiore)*, vincitore del Premio Spiritualità del Libro dell'Anno 2000 negli Stati Uniti e *Greater Community Spirituality: A New Revelation (Spiritualità della Comunità Più Grande – Una Nuova Rivelazione)*, insieme compongono una fondazione che può essere considerata la prima "Teologia del Contatto." L'intera mole dei suoi lavori, circa venti volumi di cui solo una piccola parte è ad oggi stata pubblicata dalla New Knowledge Library, può veramente rappresentare uno degli insegnamenti spirituali più unici ed evoluti apparsi sulla scena della storia moderna. MV Summers è anche il fondatore di The Society for The

Greater Community Way of Knowledge (La Società per la Via della Conoscenza della Comunità Più Grande), un'organizzazione religiosa senza fini di lucro.

Con *Gli Alleati dell'Umanità*, Marshall Vian Summers diventa verosimilmente il primo maestro spirituale che porta un chiaro messaggio di "warning" (allerta) circa la vera natura dell'Intromissione che sta oggi avendo luogo nel mondo, appellandosi, nel contempo, alla responsabilità personale, alla preparazione ed alla consapevolezza collettiva. Egli ha dedicato con devozione la sua vita al lavoro di ricevere gli insegnamenti della Via della Conoscenza della Comunità Più Grande, un dono all'umanità proveniente dal Creatore. Lui è votato a portare nel mondo questo Nuovo Messaggio da Dio. Per leggere il Nuovo Messaggio online, potete visitare www.newmessage.org/it.

NOTE SULLA SOCIETY

◆

La Society for the Greater Community Way of Knowledge (Società per la Via della Conoscenza della Comunità Più Grande) ha un'enorme missione nel mondo. Gli Alleati dell'Umanità hanno presentato il problema dell'Intromissione e tutto ciò che questo presagisce. In risposta a questa grave sfida è stata data una soluzione nell'insegnamento spirituale che si chiama La Via della Conoscenza della Comunità Più Grande. Questo insegnamento fornisce il punto di vista della Comunità Più Grande ed una preparazione spirituale di cui l'umanità avrà bisogno al fine di mantenere il proprio diritto di autodeterminazione ed al fine di poter occupare con successo il proprio posto in un mondo emergente nell'ambito di un più ampio Universo di vita intelligente.

La missione della Society è presentare questo Nuovo Messaggio per l'umanità attraverso le sue pubblicazioni, i suoi siti internet, i suoi programmi d'istruzione, servizi meditativi e ritiri. L'obiettivo della Society è sviluppare uomini e donne di Conoscenza che saranno i primi pionieri della preparazione per il mondo per affrontare la Comunità Più Grande e per iniziare a contrastare l'impatto dell'Intromissione. Questi uomini e donne avranno la responsabilità di mantenere in vita La Conoscenza e la saggezza nel mondo, mentre si intensifica lo sforzo per la libertà dell'umanità.

La Society fu fondata nel 1992, come organizzazione religiosa senza fini di lucro, da Marshall Vian Summers. Nel corso degli anni, un gruppo di studenti dedicati si è adunato per assisterlo direttamente. La Society è stata supportata e mantenuta da questo nucleo di studenti devoti che sono votati a portare una nuova consapevolezza spirituale ed una preparazione nel mondo. La missione della Society necessita il supporto e la partecipazione di molte altre persone. Data la gravità della condizione del mondo, c'è un bisogno urgente di Conoscenza e di preparazione. Ne consegue che La Society sta chiamando uomini e donne in ogni luogo ad assisterla nel dare al mondo il dono di questo Nuovo Messaggio, in questo critico momento di svolta nella nostra storia. In qualità di organizzazione religiosa senza fini di lucro, La Society è stata supportata interamente attraverso l'attività volontaria, donazioni e contributi. Tuttavia, il crescente bisogno di raggiungere e di preparare la gente di tutto il mondo sta superando la capacità della Society di conseguire la sua missione.

Puoi anche tu, con il tuo contributo, far parte di questa grande missione. Condividi il messaggio degli Alleati con altri. Aiuta ad elevare la consapevolezza sul fatto che siamo un'unica gente ed un unico mondo che sta emergendo in un'arena più grande di vita intelligente. Diventa uno studente della Via della Conoscenza e se sei in una posizione che ti consente di essere un benefattore per questa grande impresa o conosci qualcuno che lo sia, per favore contatta La Society. Il tuo contributo è ora necessario per rendere possibile la diffusione mondiale del cruciale messaggio degli Alleati ed aiutare a cambiare la sorte dell'umanità.

◆

"State per ricevere

qualcosa di un'enorme dimensione,

qualcosa che è necessario al mondo—

qualcosa che viene trasferito

al mondo e tradotto

nel mondo.

Voi siete tra i primi

a riceverlo.

Ricevetelo bene."

SPIRITUALITÀ DELLA COMUNITÀ PIÙ GRANDE

THE SOCIETY FOR THE GREATER COMMUNITY
WAY OF KNOWLEDGE

P.O. Box 1724 • Boulder, CO 80306-1724

(303) 938-8401, fax (303) 938-1214

society@newmessage.org

www.alliesofhumanity.org/it   www.newmessage.org/it

NOTE RIGUARDO AL
PROCESSO DI TRADUZIONE

Il Messaggero, Marshall Vian Summers, sta ricevendo un Nuovo Messaggio da Dio dal 1983. Il Nuovo Messaggio da Dio è la più grande Rivelazione mai data all'umanità, data oggi a un mondo letterato provvisto di comunicazione globale e di una crescente consapevolezza. Non è dato unicamente a una tribù, una nazione o una religione, ma è designato a raggiungere l'intero mondo. Questo ha reso necessarie traduzioni nel maggior numero possibile di lingue diverse.

Il processo di Rivelazione è ora svelato per la prima volta nella storia. In questo importante processo, la Presenza di Dio comunica, al di là delle parole, all'Assemblea Angelica che veglia sul mondo. L'Assemblea poi traduce questa comunicazione nel linguaggio umano e parla, tutti come uno, attraverso il proprio Messaggero, la cui voce diventa il veicolo per questa Voce superiore—la Voce della Rivelazione. Le parole sono espresse in Inglese e poi registrate in formato audio, per poi essere trascritte e rese disponibili nei testi e nelle registrazioni audio del Nuovo Messaggio. In questo modo la purezza del Messaggio originale di Dio è preservata e può essere data a tutta la gente.

Tuttavia esiste anche un processo di traduzione. Per il fatto che la Rivelazione originale fu consegnata in lingua Inglese, questa è la base di tutte le traduzioni della Rivelazione nelle molteplici lingue dell'umanità. Per il fatto che sono molte le lingue parlate nel nostro mondo, le traduzioni hanno importanza vitale al fine di portare il Nuovo Messaggio alla gente di ogni luogo. Studenti del Nuovo Messaggio, nel tempo, sono venuti avanti offrendosi volontari per tradurre il Messaggio nelle loro lingue native.

In questo momento storico, The Society (La Società) non si può permettere di pagare le traduzioni in così tante lingue e per un Messaggio così vasto, un messaggio che deve raggiungere il mondo con urgenza critica. Inoltre, The Society ritiene anche che sia importante che i propri traduttori siano studenti del Nuovo Messaggio al fine di poter capire e sentire, il più possibile, l'essenza di quello che è tradotto.

Data l'urgenza e la necessità di condividere il Nuovo Messaggio in tutto il mondo, invitiamo ulteriore assistenza nella traduzione al fine di estendere la portata del Nuovo Messaggio nel mondo portando più brani della Rivelazione nelle lingue in cui la traduzione è già iniziata e introducendo anche nuove lingue. Nel tempo, vogliamo anche migliorare la qualità di queste traduzioni. C'è ancora molto da fare.

I Libri del Nuovo Messaggio da Dio

Dio ha Parlato di Nuovo

L'Unico Dio

Il Nuovo Messaggero

La Comunità Più Grande

Spiritualità della Comunità Più Grande

Passi Verso La Conoscenza

Le Relazioni e lo Scopo Superiore

Vivere La Via della Conoscenza

La Vita nell'Universo

Le Grandi Onde del Cambiamento

Saggezza dalla Comunità Più Grande I & II

Segreti del Cielo

Gli Alleati dell'Umanità Libri Uno, Due & Tre

www.ingramcontent.com/pod-product-compliance
Lightning Source LLC
Chambersburg PA
CBHW022020090426
42739CB00006BA/218